SHUIZIYUAN BAOHU YU GUANLI

水资源保护与管理

潘奎生　丁长春　著

U0338494

吉林科学技术出版社

图书在版编目（CIP）数据

水资源保护与管理 / 潘奎生，丁长春著. -- 长春：
吉林科学技术出版社，2018.10（2024.1重印）
ISBN 978-7-5578-5172-9

Ⅰ.①水… Ⅱ.①潘… ②丁… Ⅲ.①水资源保护②
水资源管理 Ⅳ.①TV213.4

中国版本图书馆CIP数据核字(2018)第239446号

水资源保护与管理

著　　丁长春
出 版 人　李　梁
责任编辑　孙　默
装帧设计　李　梅
开　　本　787mm×1092mm　1/16
字　　数　200千字
印　　张　15.25
印　　数　1-3000册
版　　次　2019年5月第1版
印　　次　2024年1月第2次印刷

出　　版　吉林出版集团
　　　　　吉林科学技术出版社
发　　行　吉林科学技术出版社
地　　址　长春市人民大街4646号
邮　　编　130021
发行部电话/传真　0431-85635177　85651759　85651628
　　　　　　　　　　　　85677817　85600611　85670016
储运部电话　0431-84612872
编辑部电话　0431-85635186
网　　址　www.jlstp.net
印　　刷　三河市天润建兴印务有限公司

书　　号　ISBN 978-7-5578-5172-9
定　　价　88.00元

作者分工

本书由潘奎生、丁长春所著，具体分工如下：

潘奎生（孟加拉国堤防改良项目一期工程第一施工标段项目经理）负责第一章、第三章、第四章、第五章内容撰写，计15万字；

丁长春（河南省信阳市淮滨县水利局）负责第二章、第六章内容撰写，计5万字。

作者简介

潘奎生，男，汉族，河南郑州人，1972 年 9 月，河南省水利第一工程局项目经理。1993 年毕业于郑州水利学校水利水电专业，从事水利水电、公路与桥梁、工业与民用建筑等工程建设 20 余年，先后参建过 10 多个国内外大中型重点工程项目建设。毕业后一直从事工程项目施工与管理，积累了丰富的工程项目施工管理经验，多次获得省部级奖励，擅长土石坝、闸站、桥梁、疏浚、房建等工程建设。在国内期刊发表学术论文数篇，在郑州大学工商管理高级总裁班学习。现任孟加拉国堤防改良项目一期工程第一施工标段项目经理。

丁长春，男，汉族，河南信阳人，1975 年 5 月，河南省信阳市淮滨县水利局施工队副高级工程师。1995 年年毕业于河南省郑州水利学校水利工程专业，从事水利工程施工及管理工作 10 余年，积累了丰富的工程施工、工程管理经验。在国内期刊发表学术论文数篇，工作期间在河南广播电视大学进修学习工业及民用建筑专业。

　　水资源是自然环境的重要组成部分，又是环境生命的血液。它不仅是人类与其他一切生物生存的必要条件，也是国民经济发展不可缺少和无法替代的资源。随着人口与经济的增长，水资源的需求量不断增加，水环境又不断恶化，水资源短缺已经成为全球性问题。水资源的保护与管理，是维持水资源可持续利用、实现水资源良性循环的重要保证，管理是为达到某种目标而实施的一系列计划、组织、协调、激励、调节、指挥、监督、执行和控制活动。保护是防止事物被破坏而实施的方法和控制措施。水资源管理与保护是我国现今涉水事务中最重要的并受到较多关注的两个方面。水资源管理包括对水资源从数量、质量、经济、权属、规划、投资、法律、行政、工程、数字化、安全等方面进行统筹和管理，水资源保护则用各种技术及政策对水资源的防污及治污进行控制和治理。

　　2012年1月，国务院发布了《关于实行最严格水资源管理制度的意见》，这是继2011年中央1号文件和中央水利工作会议明确要求实行最严格水资源管理制度以来，国务院对实行该制度做出的全面部署和具体安排，是指导当前和今后一个时期我国水资源工作的纲领性文件。《关于实行最严格水资源管理制度的意见》确立了水资源开发利用控制、用水效率控制和水功能区限制纳污"三条红线"以及阶段性控制目标，将水资源管理与保护提升到了一个新的高度。

　　为了加强本书的系统性和全面性，全书包含了"水资源管理与保护"的诸多内容。

　　本书的主要内容是根据水资源现状和利用情况，研究如何合理利用水资源，如何有效进行水资源管理及水资源保护。本书共有六章，第一章为水资源概述，第二章为水资源的形成与水循环，第三章为水资源保护，第四章为水灾害及其防护，第五章为节水理论及取水工程，第六章为水资源管理。本书通过对水资源的来源、保护、节约、再生和管理等方面进行系统分析，使读者充分了解水资源保护与管理的基本理论与方法。

在本书写作过程中，编者引用了国内学者大量的研究成果，书中所引内容的绝大部分已在参考文献中列举，在此，对它们的作者表示最真挚的谢意。

第一章　水资源概述

第一节　水资源量及分布

一、水资源概述

水，是生命之源，是人类赖以生存和发展的不可缺少的一种宝贵资源，是自然环境的重要组成部分，是社会可持续发展的基础条件。百度百科给出水的定义为：水（化学式为 H_2O）是由氢、氧两种元素组成的无机物，在常温常压下为无色无味的透明液体。水，包括天然水（河流、湖泊、大气水、海水、地下水等）和人工制水（通过化学反应使氢氧原子结合得到水）。

地球上的水覆盖了地球71%以上的表面，地球上这么多的水是从哪儿来的？地球上本来就有水吗？关于地球上水的起源在学术界上存在很大的分歧，目前有几十种不同的水形成学说。有的观点认为在地球形成初期，原始大气中的氢、氧化合成水，水蒸气逐步凝结下来并形成海洋；有的观点认为，形成地球的星云物质中原先就存在水的成分；有的观点认为，原始地壳中硅酸盐等物质受火山影响而发生反应、析出水分；有的观点认为，被地球吸引的彗星和陨石是地球上水的主来源，甚至地球上的水还在不停增加。

直到19世纪末期，人们虽然知道水，熟悉水，但并没有"水资源"的概念，而且水资源概念的内涵也在不断地丰富和发展，再加上由于研究领域不同或思考角度不同，国内外专家学者对水资源概念的理解和定义存在明显差异，目前关于"水资源"的定义有：

（1）联合国教科文组织和世界气象组织共同制定的《水资源评价活动——国家评价手册》：可以利用或有可能被利用的水源，具有足够的数量和可用的质量，并能在某一地点为满足某种用途而可被利用。

（2）《中华人民共和国水法》：该法所称水资源，包括地表水和地下水。

(3)《中国大百科全书》：在不同的卷册对水资源也给予了不同的解释，如在"大气科学、海洋科学、水文科学卷"中，水资源被定义为：地球表层可供人类利用的水，包括水量（水质）、水域和水能资源，一般每年可更新的水量资源；在"水利卷"中，水资源被定义为：自然界各种形态（气态、固态或液态）的天然水，并将可供人类利用的水资源作为供评价的水资源。

(4)美国地质调查局：陆面地表水和地下水。

(5)《不列颠百科全书》：全部自然界任何形态的水，包括气态水、液态水或固态水的总量。

(6)英国《水资源法》：地球上具有足够数量的可用水。

(7)张家诚：降水量中可以被利用的那一部分。

(8)刘昌明：与人类生产和生活有关的天然水源。

(9)曲耀光：可供国民经济利用的淡水资源，其数量为扣除降水期蒸发的总降水量。

(10)贺伟程：与人类社会用水密切相关而又能不断更新的淡水，包括地表水、地下水和土壤水。

综上所述，国内外学者对水资源的概念有不尽一致的认识与理解，水资源的概念有广义和狭义之分。广义上的水资源，是指能够直接或间接使用的各种水和水中物质，对人类活动具有使用价值和经济价值的水均可称为水资源。狭义上的水资源，是指在一定经济技术条件下，人类可以直接利用的淡水。水资源是维持人类社会存在并发展的重要自然资源之一，它应当具有如下特性：能够被利用；能够不断更新；具有足够的水量；水质能够满足用水要求。

水资源作为自然资源的一种，具有许多自然资源的特性，同时具有许多独特的特性为合理有效地利用水资源，充分发挥水资源的环境效益、经济效益和社会效益，需充分认识水资源的基本特点。

(1)循环性

地球上的水体受太阳能的作用，不断地进行相互转换和周期性的循环过程，而且循环过程是永无止境的、无限的，水资源在水循环过程中能够不断恢复、更新和再生，并在一定时空范围内保持动态平衡，循环过程的无限性使得水资源在一定开发利用状况下是取之不尽、用之不竭的。

（2）有限性

在一定区域和一定时段内，水资源的总量是有限的，更新和恢复的水资源量也是有限的，水资源的消耗量不应该超过水资源的补给量，以前，人们认为地球上的水是无限的，从而导致人类不合理开发利用水资源，引起水资源短缺、水环境破坏和地面沉降等一系列不良后果。

（3）不均匀性

水资源的不均匀性包括水资源在时间和空间两个方面上的不均匀性。由于受气候和地理条件的影响，不同地区水资源的分布有很大差别，例如我国总的来讲，东南多，西北少；沿海多，内陆少；山区多，平原少。水资源在时间上的不均匀性，主要表现在水资源的年际和年内变化幅度大，例如我国降水的年内分配和年际分配都极不均匀，汛期4个月的降水量占全年降水量的比率，南方约为60%，北方则为80%；最大年降雨量与最小年降雨量的比，南方为2~4倍，北方为3~8倍。水资源在时空分布上的不均匀性，给水资源的合理开发利用带来很大困难。

（4）多用途性

水资源作为一种重要的资源，在国民经济各部门中的用途是相当广泛的，不仅能够用于农业灌溉、工业用水和生活供水，还可以用于水力发电、航运、水产养殖、旅游娱乐和环境改造等。随着人们生活水平的提高和社会国民经济的发展，对水资源的需求量不断增加，很多地区出现了水资源短缺的现象，水资源在各个方面的竞争日趋激烈，如何解决水资源短缺问题，满足水资源在各方面的需求是急需解决的问题之一。

（5）不可代替性

水是生命的摇篮，是一切生物的命脉，如对于人来说，水是仅次于氧气的重要物质。成人体内，60%的重量是水，儿童体内水的比重更大，可达80%。水在维持人类生存、社会发展和生态环境等方面是其他资源无法代替的，水资源的短缺会严重制约社会经济的发展和人民生活的改善。

（6）两重性

水资源是一种宝贵的自然资源，水资源可被用于农业灌溉、工业供水、生活供水、水力发电、水产养殖等各个方面，推动社会经济的发展，提高人民的生活水平，改善人类生存环境，这是水资源有利的一面；同时，水量过多，容易造成洪水泛滥等自然灾害，水量过少，容易造成干旱等自然灾害，影响人类社会的发展，这是水资源有害的一面。

(7) 公共性

水资源的用途十分广泛，各行各业都离不开水，这就使得水资源具有了公共性。《中华人民共和国水法》明确规定，水资源属于国家所有，水资源的所有权由国务院代表国家行使，国务院水行政主管部门负责全国水资源的统一管理和监督工作；任何单位和个人引水、截 (蓄) 水、排水，不得损害公共利益和他人的合法权益。

二、世界水资源

水是一切生物赖以生存的必不可少的重要物质，是工农业生产、经济发展和环境改善不可替代的极为宝贵的自然资源。地球在地壳表层、表面和围绕气球的大气层中存在着各种形态的，包括液态、气态和固态的水，形成地球的水圈，从表面上看，地球上的水量是非常丰富的。

地球上各种类型的水储量分布：水圈内海洋水、冰川与永久积雪地下水、永冻层中冰、湖泊水、土壤水、大气水、沼泽水、河流水和生物水等全部水体的总储存量为 13.86 亿 km^3，其中海洋水量 13.38 亿 km^3，占地球总储存水量的 96.5%，这部分巨大的水体属于高盐量的咸水，除极少量水体被利用 (作为冷却水、海水淡化) 外绝大多数是不能被直接利用的。陆地上的水量仅有 0.48 亿 km^3，占地球总储存水量的 3.5%，就是在陆面这样有限的水体也并不全是淡水，淡水量仅有 0.35 亿 km^3，占陆地水储存量的 73%，其中 0.24 亿 km^3 的淡水量，分布于冰川多积雪、两极和多年冻土中，以人类现有的技术条件很难利用。便于人类利用的水只有 0.1065 亿 km^3，占淡水总量的 30.4%，仅占地球总储存水量的 0.77%。因此，地球上的水量虽然非常丰富，然而可被人类利用的淡水资源量是很有限的。

地球上人类可以利用的淡水资源主要是指降水、地表水和地下水，其中降水资源量、地表水资源量和地下水资源量主要是指年平均降水量、多年平均年河川径流量和平均年地下水更新量 (或可恢复量)。世界各地有的水资源量差别很大，欧洲、亚洲、非洲、北美洲、南美洲、澳洲及大洋洲、南极洲平均年降水量 (体积) 分别为 $8.29 \times 10^{12} m^3$、$2.20 \times 10^{12} m^3$、

$22.30 \times 10^{12} \mathrm{m}^3$、$18.30 \times 10^{12} \mathrm{m}^3$、$28.40 \times 10^{12} \mathrm{m}^3$、$7.08 \times 10^{12} \mathrm{m}^3$、$2.31 \times 10^{12} \mathrm{m}^3$，最大平均年降水量是最小平均年降水量的 13.94 倍；平均年江河径流量（体积）依次为 $3.21 \times 10^{12} \mathrm{m}^3$、$14.41 \times 10^{12} \mathrm{m}^3$、$4.57 \times 10^{12} \mathrm{m}^3$、$8.20 \times 10^{12} \mathrm{m}^3$、$11.76 \times 10^{12} \mathrm{m}^3$、$2.39 \times 10^{12} \mathrm{m}^3$、$2.31 \times 10^{12} \mathrm{m}^3$，最大平均年江河径流量是最小平均年江河径流量值的 6.24 倍；平均年地下水更新量（体积）分别为 $1.12 \times 10^{12} \mathrm{m}^3$、$3.75 \times 10^{12} \mathrm{m}^3$、$1.60 \times 10^{12} \mathrm{m}^3$、$2.16 \times 10^{12} \mathrm{m}^3$、$4.12 \times 10^{2} \mathrm{m}^3$、$0.58 \times 10^{12} \mathrm{m}^3$，除南极洲外，最大平均年地下水更新量是最小平均年地下水更新量的 7 到 10 倍。

三、我国水资源

（一）我国水资源总量

我国地处北半球亚欧大陆的东南部，受热带、太平洋低纬度上空温暖而潮湿气团的影响，以及西南的印度洋和东北的鄂霍次克海的水蒸气的影响，东南地区、西南地区以及东北地区可获得充足的降水量，使我国成为世界上水资源相对比较丰富的国家之一。

我国水利部门在综合有关文献资料的基础上，对世界上 153 个国家的水资源总量和人均水资源总量进行了统计。在进行统计的 153 个国家中，水资源总量排在前 10 名的国家分别是巴西、俄罗斯、美国、印度尼西亚、加拿大、中国、孟加拉国、印度委内瑞拉、哥伦比亚，用多年平均年河川径流量表示的水资源总量依次为 69500 亿 m^3、42700 亿 m^3、30560 亿 m^3、2980 亿 m^3、29010 亿 m^3、27115 亿 m^3、23570 亿 m^3、20850 亿 m^3、13170 亿 m^3、10700 亿 m^3，中国仅次于巴西、俄罗斯、美国、印度尼西亚、加拿大，排在第 6 位，水资源总量比较丰富。

（二）我国水资源特点

我国幅员辽阔，人口众多，地形、地貌、降水、气候条件等复杂多样，再加上耕地分布等因素的影响，使得我国水资源具有以下特点：

1.总量相对丰富，人均拥有量少

我国多年平均年河川径流量为 27115 亿 m^3，排在世界第 6 位。然而，我国人口众多，年人均水资源量仅为 2238.6m³，排在世界第 21 位。1993 年"国际人口行动"提出的《持续水——人口和可更新水的供给前景》报告提出下列划分标准：人均水资源量少于 1700m³/a 则为用水紧张国家；人均水资源量少于 1000m³/a，则为缺水国家；人均水资源量少于 500m³/a，则为严重缺水国家。随着人口的增加，到 21 世纪中叶，我国人均水资源量将接近 1700m³/a，届时我国将成为用水紧张的国家。随着人民生活水平的提高，社会经济的不断发展，水资源的供需矛盾将会更加突出。

2.水资源时空分布不均匀

我国水资源在空间上的分布很不均匀，南多北少，且与人口、耕地和经济的分布不相适应，使得有些地区水资源供给有余，有些地区水资源供给不足。据统计，南方面积、耕地面积、人口分别占全国总面积、耕地总面积、总人口的 36.5%、36.0%、54.4%，但南方拥有的水资源总量却占全国水资源总量的 81%，人均水资源量和亩均水资源量分别为 41800m³/a 和 4130m³/a，约为全国人均水资源量和亩均水资源量的 2 倍和 2.3 倍。北方的辽河、海河、黄河、淮河四个流域片面积、耕地面积、人口分别占全国总面积、耕地总面积、总人口的 18.7%、45.2%、38.4%，但上述四个流域拥有的水资源总量只相当于南方水资源总量的 12%。我国水资源在空间分布上的不均匀性，是造成我国北方和西北许多地区出现资源性缺水的根本原因，而水资源的短缺是影响这些地区经济发展、人民生活水平提高和环境改善等的主要因素之一。

由于我国大部分地区受季风气候的影响，我国水资源在时间分配上也存在明显的年际和年内变化，在我国南方地区，最大年降水量一般是最小年降水量的 2~4 倍，北方地区为 3~6 倍；我国长江以南地区由南往北雨季为 3~6 月至 4~7 月，雨季降水量占全年降水量的 50%~60%，长江以北地区雨季为 6~9 月，雨季降水量占全年降水量的 70%~80%。我国水资源的年际和年内变化剧烈，是造成我国水旱灾害频繁的根本原因，这给我国水资源的开发利用和农业生产等方面带来很多困难。

第二节　水资源的重要性与用途

一、水资源的重要性

水资源的重要性主要体现在以下几个方面：

（1）生命之源

水是生命的摇篮，最原始的生命是在水中诞生的，水是生命存在不可缺少的物质。不同生物体内都拥有大量的水分，一般情况下，植物植株的含水率为60%～80%，哺乳类体内约有65%，鱼类75%，藻类95%，成年人体内的水占体重的65%～70%。此外，生物体的新陈代谢、光合作用等都离不开水，每人每日大约需要2～3L的水才能维持正常生存。

（2）文明的摇篮

没有水就没有生命，没有水更不会有人类的文明和进步，文明往往发源于大河流域，世界四大文明古国—古代中国、古代印度、古代埃及和古代巴比伦，最初都是以大河为基础发展起来的，尼罗河孕育了古埃及的文明，底格里斯河与幼发拉底河流域促进了古巴比伦王国的兴盛，恒河带来了古印度的繁荣，长江与黄河是华夏民族的摇篮。古往今来，人口稠密、经济繁荣的地区总是位于河流湖泊沿岸。沙漠缺水地带，人烟往往比较稀少，经济也比较萧条。

（3）社会发展的重要支撑

水资源是社会经济发展过程中不可缺少的一种重要的自然资源，与人类社会的进步与发展紧密相连，是人类社会和经济发展的基础与支撑。在农业用水方面，水资源是一切农作物生长所依赖的基础物质，水对农作物的重要作用表现在它几乎参与了农作物生长的每一个过程，农作物的发芽、生长、发育和结实都需要有足够的水分，当提供的水分不能满足农作物生长的需求时，农作物极可能减产甚至死亡。在工业用水方面，水是工业的血液，工业生产过程中的每一个生产环节（如加工、冷却、净化、洗涤等）几乎都需要水的参与，每个工厂都要利用水的各种作用来维持正常生产，没有足够的水量，工业生产就无法进行正常生产，水资源保证程度对工业发展规模起着非常重要的作用。在生活用水方面，随着经济发展水平的不断提高，人们对生活质量的要求也不断提高，从而使得人们对水资源的需求量越来越大，若生活需水量不能得到满足，必然会成为制约社会进步与发展的一个瓶颈。

（4）生态环境基本要素

生态环境是指影响人类生存与发展的水资源、土地资源、生物资源以及气候资源数量与质量的总称，是关系到社会和经济持续发展的复合生态系统。水资源是生态环境的基本要素，是良好的生态环境系统结构与功能的组成部分。水资源充沛，有利于营造良好的生态环境，水资源匮乏，则不利于营造良好的生态环境，如我国水资源比较缺乏的华北和西北干旱、半干旱区，大多是生态系统比较脆弱的地带。水资源比较缺乏的地区，随着人口的增长和经济的发展，会使得本已比较缺乏的水资源进一步短缺，从而更容易产生一系列生态环境问题，如草原退化、沙漠面积扩大、水体面积缩小、生物种类和种群减少。

二、水资源的用途

水资源是人类社会进步和经济发展的基本物质保证，人类的生产活动和生活活动都离不开水资源的支撑，水资源在许多方面都具有使用价值，水资源的用途主要有农业用水、工业用水、生活用水、生态环境用水、发电用水、航运用水、旅游用水、养殖用水等。

（1）农业用水

农业用水包括农田灌溉和林牧渔畜用水。农业用水是我国用水大户，农业用水量占总用水量的比例最大，在农业用水中，农田灌溉用水是农业用水的主要用水和耗水对象，采取有效节水措施，提高农田水资源利用效率，是缓解水资源供求矛盾的一个主要措施。

（2）工业用水

根据《工业用水分类及定义》（CJ40-1999），工业用水是指，工、矿企业的各部门，在工业生产过程（或期间）中，制造、加工、冷却、空调、洗涤、锅炉等处使用的水及厂内职工生活用水的总称。工业用水是水资源利用的一个重要组成部分，由于工业用水组成十分复杂，工业用水的多少受工业类别、生产方式、用水工艺和水平以及工业化水平等因素的影响。

（3）生活用水

生活用水包括城市生活用水和农村生活用水两个方面，其中城市生活用水包括城市居民住宅用水、市政用水、公共建筑用水、消防用水、供热用水、环境景观用水和娱乐用水等；农村生活用水包括农村日常生活用水和家养禽畜用水等。

（4）生态环境用水

生态环境用水是指为达到某种生态水平，并维持这种生态平衡所需要的用水量。生态环境用水有一个阈值范围，用于生态环境用水的水量超过这个阈值范围，就会导致生态环境的破坏。许多水资源短缺的地区，在开发利用水资源时，往往不考虑生态环境用水，产生许多生态环境问题。因此，进行水资源规划时，充分考虑生态环境用水，是这些地区修复生态环境问题的前提。

（5）水力发电

地球表面各种水体（河川、湖泊、海洋）中蕴藏的能量，称为水能资源或水力资源。水力发电是利用水能资源生产电能。

（6）其他用途

水资源除了在上述的农业、工业、生活、生态环境和水力发电方面具有重要使用价值，而得到广泛应用外，水资源还可用于发展航运事业、渔业养殖和旅游事业等。在上述水资源的用途中，农业用水、工业水和生活用水的比例称为用水结构，用水结构能够反映出一个国家的工农发展水平和城市建设发展水平。

美国、日本和中国的农业用水量、工业用水量和生活用水量有显著差别。在美国，工业用水量最大，其次为农业用水量，再次为生活用水量；在日本，农业用水量最大，除个别年份外，工业用水量和生活用水量相差不大；在中国，农业用水量最大，其次为工业用水量，最后为生活用水量。

水资源的使用用途不同时，对水资源本身产生的影响就不同，对水资源的要求也不尽相同，如水资源用于农业用水、生活用水和工业用水等部门时，这些用水部门会把水资源当作物质加以消耗。此外，这些用水部门对水资源的水质要求也不相同，当水资源用于水力发电、航运和旅游等部门时，被利用的水资源一般不会发生明显的变化。水资源具有多种用途，开发利用水资源时，要考虑水源的综合利用，不同用水部门对水资源的要求不同，这为水资源的综合利用提供了可能，但同时也要妥善解决不同用水部门对水资源要求不同而产生的矛盾。

第三节　水资源保护与管理的意义

　　水资源是基础自然资源，水资源为人类社会的进步和社会经济的发展提供了基本的物质保证，由于水资源的固有属性（如有限性和分布不均匀性等）、气候条件的变化和人类的不合理开发利用，在水资源的开发利用过程中，产生了许多水问题，如水资源短缺、水污染严重、洪涝灾害频繁、地下水过度开发、水资源开发管理不善、水资源浪费严重和水资源开发利用不够合理等，这些问题限制了水资源的可持续发展，也阻碍了社会经济的可持续发展和人民生活水平的不断提高。因此，进行水资源的保护与管理是人类社会可持续发展的重要保障。

　　1.缓解和解决各类水问题

　　进行水资源保护与管理，有助于缓解或解决水资源开发利用过程中出现的各类水问题，比如通过采取高效节水灌溉技术，减少农田灌溉用水的浪费，提高灌溉水利用效率；通过提高工业生产用水的重复利用率，减少工业用水的浪费；通过建立合理的水费体制减少生活用水的浪费；通过采取一些蓄和引水等措施，缓解一些地区的水资源短缺问题；通过对污染物进行达标排放与总量控制，以及提高水体环境容量等措施，改善水体水质，减少和杜绝水污染现象的发生；通过合理调配农业用水、工业用水、生活用水和生态环境用水之间的比例，改善生态环境，防止生态环境问题的发生；通过对供水、灌溉、水力发电、航运、渔业、旅游等用水部门进行水资源的优化调配，解决各用水部门之间的矛盾，减少不应有的损失；通过进一步加强地下水开发利用的监督与管理工作，完善地下水和地质环境监测系统，有效控制地下水的过度开发；通过采取工程措施和非工程措施改变水资源在空间分布和时间分布上的不均匀性，减轻洪涝灾害的影响。

2.提高人们的水资源管理和保护意识

水资源开采利用过程中产生的许多水问题，都是由于人类不合理利用以及缺乏保护意识造成的，通过让更多的人参与水资源的保护与管理，加强水资源保护与管理教育，以及普及水资源知识，进而增强人们的水治意识和水资源观念，提高人们的水资源管理和保护意识，自觉地珍惜水，合理地用水从而为水资源的保护与管理创造一个良好的社会环境与氛围。

3.保证人类社会的可持续发展

水是生命之源，是社会发展的基础，进行水资源保护与管理研究，建立科学合理的水资源保护与管理模式，实现水资源的可持续开发利用，能够确保人类生存、生活和生产，以及生态环境等用水的长期需求，从而为人类社会的可持续发展提供坚实的基础。

第二章　水资源形成与水循环

第一节　水资源的形成

水循环是地球上最重要、最活跃的物质循环之一，它实现了地球系统水量、能量和地球生物化学物质的迁移与转换，构成了全球性的连续有序的动态大系统。水循环把海陆有机地连接起来，塑造着地表形态，制约着地生态环境的平衡与协调，不断提供再生的淡水资源。因此，水循环对于地球表层结构的演化和人类可持续发展都具有重大意义。

由于在水循环过程中，海陆之间的水汽交换以及大气水、地表水、地下水之间的相互转换，形成了陆地上的地表径流和地下径流。由于地表径流和地下径流的特殊运动，塑造了陆地的一种特殊形态—河流与流域。一个流域或特定区域的地表径流和地下径流的时空分布既与降水的时空分布有关，亦与流域的形态特征、自然地理特征有关。因此，不同流域或区域的地表水资源和地下水资源具有不同的形成过程及时空分布特性。

一、地表水资源的形成与特点

地表水分为广义地表水和狭义地表水，前者指以液态或固态形式覆盖在地球表面上，暴露在大气中的自然水体，包括河流、湖泊、水库、沼泽、海洋、冰川和永久积雪等，后者则是陆地上各种液态、固态水体的总称，包括静态水和动态水，主要有河流，湖泊、水库、沼泽、冰川和永久积雪等，其中，动态水指河流径流量和冰川径流量，静态水指各种水体的储水量地表水资源是指在人们生产生活中具有实用价值和经济价值的地表水，包括冰雪水、河川水和湖沼水等，一般用河川径流量表示。

在多年平均情况下，水资源量的收支项主要为降水、蒸发和径流，水量平衡时，收支在数量上是相等的。降水作为水资源的收入项，决定着地表水资源的数量、时空分布和可开发利用程度。由于地表水资源所能利用的是河流径流量，所以在讨论地表水资源的形成与分布时，重点讨论构成地表水资源的河流资源的形成与分布问题。

降水、蒸发和径流是决定区域水资源状态的三要素，三者数量及其可利用量之间的变化关系决定着区域水资源的数量和可利用量。

1.降水

（1）降雨的形成

降水是指液态或固态的水汽凝结物从云中落到地表的现象，如雨、雪、雾、雹、露、霜等，其中以雨、雪为主。我国大部分地区，一年内降水以雨水为主，雪仅占少部分。所以，通常说的降水主要指降雨。

当水平方向温度、湿度比较均匀的大块空气即气团受到某种外力的作用向上升时，气压降低，空气膨胀，为克服分子间引力需消耗自身的能量，在上升过程中发生动力冷却，使气团降温。当温度下降到使原来未饱和的空气达到了过饱和状态时，大量多余的水汽便凝结成云。云中水滴不断增大，直到不能被上气流所托时，便在重力作用下形成降雨。因此空气的垂直上升运动和空气中水汽含量超过饱和水汽含量是产生降雨的基本条件。

（2）降雨的分类

按空气上升的原因，降雨可分为锋面雨、地形雨、对流雨和气旋雨。

①锋面雨：冷暖气团相遇，其交界面叫锋面，锋面与地面的相交地带叫锋线，锋面随冷暖气团的移动而移动。锋面上的暖气团被抬升到冷气团上面去。在抬升的过程中，空气中的水汽冷却凝结，形成的降水叫锋面雨。

根据冷、暖气团运动情况，锋面雨又可分为冷锋雨和暖锋雨。当冷气团向暖气团推进时，因冷空气较重，冷气团楔进暖气团下方，把暖气团挤向上方，发生动力冷却而致雨，称为冷锋雨。当暖气团向冷气团移动时，由于地面的摩擦作用，上层移动较快，底层较慢，使锋面坡度较小，暖空气沿着这个平缓的坡面在冷气团上爬升，在锋面上形成了一系列云系并冷却致雨，称为暖锋雨。我国大部分地区在温带，属南北气流交汇区域，因此，锋面雨的影响很大，常造成河流的洪水，我国夏季受季风影响，东南地区多暖锋雨，如长江中下游的梅雨；北方地区多冷锋雨。

②地形雨：暖湿气流在运移过程中，遇到丘陵、高原、山脉等阻挡而

沿坡面上升而冷却致雨，称为地形雨。地形雨大部分降落在山地的迎风坡。在背风坡，气流下降增温，且大部分水汽已在迎风坡降落，故降雨稀少。

③对流雨：当暖湿空气笼罩一个地区时，因下垫面局部受热增温，与上层温度较低的空气产生强烈对流作用，使暖空气上升冷却致雨，称为对流雨。对流雨一般强度大，但雨区小，历时也较短，并常伴有雷电，又称雷阵雨。

④气旋雨气旋是中心气压低于四周的大气涡旋。涡旋运动引起暖湿气团大规模的上升运动，水汽因动力冷却而致雨，称为气旋。按热力学性质分类，气旋可分为温带气旋和热带气旋。我国气象部门把中心地区附近地面最大风速达到12级的热带气旋称为台风。

（3）降雨的特征

降雨特征常用降水量、降水历时、降水强度、降水面积及暴雨中心等基本因素表示。降水量是指在一定时段内降落在某一点或某一面积上的总水量，用深度表示，以 mm 计。降水量一般分为7级。降水的持续时间称为降水历时，以 min、h、d 计。降水笼罩的平面面积称为降水面积，以 km^2 计。暴雨集中的较小局部地区，称为暴雨中心。降水历时和降水强度反映了降水的时程分配，降水面积和暴雨中心反映了降水的空间分配。

2.径流

径流是指由降水所形成的，沿着流域地表和地下向河川、湖泊、水库、洼地等流动的水流。其中，沿着地面流动的水流称为地表径流；沿着土壤岩石孔隙流动的水流称为地下径流；汇集到河流后，在重力作用下沿河床流动的水流称为河川径流。径流因降水形式和补给来源的不同，可分为降雨径流和融雪径流，我国大部分以降雨径流为主。

径流过程是地球上水循环中重要的一环。在水循环过程中，陆地上的降水34%转化为地表径流和地下径流汇入海洋。径流过程又是一个复杂多变的过程，与水资源的开发利用、水环境保护、人类同洪旱灾害的斗争等生产经济活动密切相关。

（1）径流形成过程及影响因素

由降水到达地面时起，到水流流经出口断面的整个过程，称为径流形成过程。降水的形式不同，径流的形成过程也各不相同。大气降水的多变性和流域自然地理条件的复杂性决定了径流形成过程是一个错综复杂的物理过程。降水落到流域面上后，首先向土壤内下渗，一部分水以壤中流形式汇入沟渠，形成上层壤中流；一部分水继续下渗，补给地下水；还有一部分以土壤水形式保持在土壤内，其中一部分消耗蒸发。当土壤含水量达到饱和或降水强度大于入渗强度时，降水扣除入渗后还有剩余，余水开始流动充填坑洼，继而形成坡面流汇入河槽和壤中流一起形成出口流量过程。故整个径流形成过程往往涉及大气降水、土壤下渗、壤中流、地下水、蒸发、填洼、坡面流和河槽汇流，是气象因素和流域自然地理条件综合作用的过程，难以用数学模型描述。为便于分析，一般把它概化为产流阶段和汇流阶段。产流是降水扣除损失后的净雨产生径流的过程。汇流，指净雨沿坡面从地面和地下汇入河网，然后再沿着河网汇集到流域出口断面的过程。前者称为坡地汇流，后者称为河网汇流，两部分过程合称为流域汇流过程。

影响径流形成的因素有气候因素、地理因素和人类活动因素。

①气候因素：气候因素主要是降水和蒸发。降水是径流形成的必要条件，是决定区域地表水资源丰富程度、时空分布及可利用程度与数量的最重要的因素。其他条件相同时降雨强度大、历时长、降雨笼罩面积大，则产生的径流也大。同一流域，雨型不同，形成的径流过程也不同。蒸发直接影响径流量的大小。蒸发量大，降水损失量就大，形成的径流量就小。对于一次暴雨形成的径流来说，虽然在径流形成的过程中蒸发量的数值相对不大，甚至可忽略不计，但流域在降雨开始时土壤含水量直接影响着本次降雨的损失量，即影响着径流量，而土壤含水量与流域蒸发有密切关系。

②地理因素：地理因素包括流域地形、流域的大小和形状、河道特性、土壤、岩石和地质构造、植被、湖泊和沼泽等。

流域地形特征包括地面高程、坡面倾斜方向及流域坡度等。流域地形通过影响气候因素间接影响径流的特性，如山地迎风坡降雨量较大，背风坡降雨量小；地面高程较高时，气温低，蒸发量小，降雨损失量小。流域地形还直接影响汇流条件，从而影响径流过程。如地形陡峭，河道比降大，则水流速度快，河槽汇流时间较短，洪水陡涨陡落，流量过程线多呈尖瘦形；反之，则较平缓。

流域大小不同，对调节径流的作用也不同。流域面积越大，地表与地下蓄水容积越大调节能力也越强。流域面积较大的河流，河槽下切较深，得到的地下水补给就较多。流域面积小的河流，河槽下切往往较浅，因此，地下水补给也较少。

流域长度决定了径流到达出口断面所需要的汇流时间。汇流时间越长，流量过程线越平缓。流域形状与河系排列有密切关系。扇形排列的河系，各支流洪水较集中地汇入干流，流量过程线往往较陡峻；羽形排列的河系各支流洪水可顺序而下，遭遇的机会少，流量过程线较矮平；平行状排列的河系，其流量过程线与扇形排列的河系类似。

河道特性包括：河道长度、坡度和糙率。河道短、坡度大、糙率小，则水流流速大，河道输送水流能力大，流量过程线尖瘦；反之，则较平缓。

流域土壤、岩石性质和地质构造与下渗量的大小有直接关系，从而影响产流量和径流过程特性，以及地表径流和地下径流的产流比例关系。

植被能阻滞地表水流，增加下渗。森林地区表层土壤容易透水，有利于雨水渗入地下从而增大地下径流，减少地表径流，使径流趋于均匀。对于融雪补给的河流，由于森林内温度较低，能延长融雪时间，使春汛径流历时增长。

湖泊（包括水库和沼泽）对径流有一定的调节作用，能拦蓄洪水，削减洪峰，使径流过程变得平缓。因水面蒸发较陆面蒸发大，湖泊、沼泽增加了蒸发量，使径流量减少。

③人类活动因素：影响径流的人类活动是指人们为了开发利用和保护水资源，达到除害兴利的目的而修建的水利工程及采用农林措施等。这些工程和措施改变了流域的自然面貌，从而也就改变了径流的形成和变化条件，影响了蒸发量、径流量及其时空分布、地表和地下径流的比例、水体水质等。例如，蓄、引水工程改变了径流时空分布；水土保持措施能增加下渗水量，改变地表和地下水的比例及径流时程分布，影响蒸发；水库和灌溉设施增加了蒸发，减少了径流。

（2）河流径流补给

河流径流补给又称河流水源补给。河流给的类型及其变化决定着河流的水文特性。我国大多数河流的补给主要是流域上的降水。根据降水形式及其向河流运动的路径，河流的补给可分为雨水补给、地下水补给、冰雪融水补给以及湖泊、沼泽补给等。

①雨水补给：雨水是我国河流补给的最主要水源。当降雨强度大于土壤入渗强度后产生地表径流，雨水汇入溪流和江河之中从而使河水径流得以补充。以雨水补给为主的河流的水情特点是水位与流量变化快，在时程上与降雨有较好的对应关系，河流径流的年内分配不均匀，年际变化大，丰、枯悬殊。

②地下水补给：地下水补给是我国河流补给的一种普遍形式。特别是在冬季和少雨无雨季节，大部分河流水量基本上来自地下水。地下水是雨水和冰雪融水渗入地下转化而成的，它的基本来源仍然是降水，因其经地下"水库"的调节，对河流径流量及其在时间上的变化产生影响。以地下水补给为主的河流，其年内分配和年际变化都较均匀。

③冰雪融水补给：冬季在流域表面的积雪、冰川，至次年春季随着气候的变暖而融化成液态的水，补给河流而形成春汛。此种补给类型在全国河流中所占比例不大，水量有限但冰雪融水补给主要发生在春季，这时正是我国农业生产上需水的季节，因此，对于我国北方地区春季农业用水有着重要的意义。冰雪融水补给具有明显的日变化和年变化，补给水量的年际变化幅度要小于雨水补给。这是因为融水量主要与太阳辐射、气温变化一致，而气温的年际变化比降雨量年际变化小。

④湖泊、沼泽水补给：流域内山地的湖泊常成为河流的源头。位于河流中下游地区的湖泊，接纳湖区河流来水，又转而补给干流水量。这类湖泊由于湖面广阔，深度较大，对河流径流有调节作用。河流流量较大时，部分洪水流进大湖内，削减了洪峰流量；河流流量较小时，湖水流入下流，补充径流量，使河流水量年内变化趋于均匀。沼泽水补给量小，对河流径流调节作用不明显。

我国河流主要靠降雨补给。在华北、西及东北的河流虽也有冰雪融水补给，但仍以降雨补给为主，为混合补给。只有新疆、青海等地的部分河流是靠冰川、积雪融水补给，该地区的其他河流仍然是混合补给。由于各地气候条件的差异，上述四种补给在不同地区的河流中所占比例差别较大。

（3）径流时空分布

①径流的区域分布：受降水量影响，以及地形地质条件的综合影响，年径流区域分布既有地域性的变化，又有局部的变化，我国年径流深度分布的总体趋势与降水量分布一样由东南向西北递减。

②径流的年际变化：径流的年际变化包括径流的年际变化幅度和径流的多年变化过程两方面，年际变化幅度常用年径流量变差系数和年径流极值比表示。

年径流变差系数大，年径流的年际变化就大，不利于水资源的开发利用，也容易发生洪涝灾害；反之，年径流的年际变化小，有利于水资源的开发利用。

影响年径流变差系数的主要因素是年降水量、径流补给类型和流域面积。降水量丰富地区，其降水量的年际变化小，植被茂盛，蒸发稳定，地表径流较丰沛，因此年径流变差系数小；反之，则年径流变差系数大。相比较而言，降水补给的年径流变差系数大于冰川、积雪融水和降水混合补给的年径流变差系数，而后者又大于地下水补给的年径流变差系数。流域面积越大，径流成分越复杂，各支流之、干支流之间的径流丰枯变化可以互相调节；另外，面积越大，因河川切割很深，地下水的补给丰富而稳定。因此，流域面积越大，其年径流变差系数越小。

年径流的极值比是指最大径流量与最小径流量的比值。极值比越大，径流的年际变化越大；反之，年际变化越小。极值比的大小变化规律与变差系数同步。我国河流年际极值比最大的是淮河蚌埠站，为23.7；最小的是怒江道街坝站，为1.4。

径流的年际变化过程是指径流具有丰枯交替、出现连续丰水和连续枯水的周期变化，但周期的长度和变幅存在随机性。如黄河出现过1922～1932年连续11年的枯水期，也出现过1943～1951年连续9年的丰水期。

③径流的季节变化：河流径流一年内有规律的变化，叫作径流的季节变化，取决于河流径流补给来源的类型及变化规律。以雨水补给为主的河流，主要随降雨量的季节变化而变化。以冰雪融水补给为主的河流，则随气温的变化而变化。径流季节变化大的河流，容易发生干旱和洪涝灾害。

我国绝大部分地区为季风区，雨量主要集中在夏季，径流也是如此。而西部内陆河流主要靠冰雪融水补给，夏季气温高，径流集中在夏季，形成我国绝大部分地区夏季径流占优势的基本布局。

3.蒸发

蒸发是地表或地下的水由液态或固态转化为水汽，并进入大气的物理过程，是水文循环中的基本环节之一，也是重要的水量平衡要素，对径流有直接影响。蒸发主要取决于暴露表面的水的面积与状况，与温度、阳光辐射、风、大气压力和水中的杂质质量有关，其大小可用蒸发量或蒸发率表示。蒸发量是指某一时段如日、月、年内总蒸发掉的水层深度，以mm计；蒸发率是指单位时间内的蒸发量，以mm/min或mm/h计。流域或区域上的蒸发包括水面蒸发和陆面蒸发，后者包括土壤蒸发和植物蒸腾。

（1）水面蒸发

水面蒸发是指江、河、湖泊、水库和沼泽等地表水体水面上的蒸发现象。水面蒸发是最简单的蒸发方式，属饱和蒸发。影响水面蒸发的主要因素是温度、湿度、辐射、风速和气压等气象条件。因此，在地域分布上，冷湿地区水面蒸发量小，干燥、气温高的地区水面蒸发量大；高山地区水面蒸发量小，平原区水面蒸发量大。

水面蒸发的地区分布呈现出如下特点：①低温湿润地区水面蒸发量小，高温干燥地区水面蒸发量大；②蒸发低值区一般多在山区，而高值区多在平原区和高原区，平原区的水面蒸发大于山区；③水面蒸发的年内分配与气温、降水有关，年际变化不大。

我国多年平均水面蒸发量最低值为400mm，最高可达2600mm，相差悬殊。暴雨中心地区水面蒸发可能是低值中心，例如四川雅安天漏暴雨区，其水面蒸发为长江流域最小地区，其中荥经站的年水面蒸发量仅564mm。

（2）陆面蒸发

①土壤蒸发：土壤蒸发是指水分从土壤中以水汽形式逸出地面的现象。它比水面蒸发要复杂得多，除了受上述气象条件的影响外，还与土壤性质、土壤结构、土壤含水量、地下水位的高低、地势和植被状况等因素密切相关。

对于完全饱和、无后继水量加入的土壤其蒸发过程大体上可分为三个阶段：第一阶段，土壤完全饱和，供水充分，蒸发在表层土壤进行，此时的蒸发率等于或接近于土壤蒸发能力，蒸发量大而稳定；第二阶段，由于水分逐渐蒸发消耗，土壤含水量转化为非饱和状态，局部表土开始干化，土壤蒸发一部分仍在地表进行，另一部分发生在土壤内部。此阶段中，随着土壤含水量的减少，供水条件来越差，故其蒸发率随时间逐渐减小；第三阶段表层土壤干涸，向深层扩展，土壤水分蒸发主要发生在土壤内部。蒸发形成的水汽由分子扩散作用通过表面干涸层逸入大气，其速度极为缓慢、蒸发量小而稳定，直至基本终止。由此可见，土壤蒸发影响土壤含水量的变化，是土壤失水的干化过程，是水文循环的重要环节。

②植物蒸腾：土壤中水分经植物根系吸收，输送到叶面，散发到大气中去，称为植物蒸腾或植物散发。由于植物本身参与了这个过程，并能利用叶面气孔进行调节，故是一种生物物理过程，比水面蒸发和土壤蒸发更为复杂，它与土壤环境、植物的生理结构以及大气状况有密切的关系。由于植物生长于土壤中，故植物蒸腾与植物覆盖下土壤的蒸发实际上是并存的。因此，研究植物蒸腾往往和土壤蒸发合并进行。

目前陆面蒸发量一般采用水量平衡法估算，对多年平均陆面蒸发来讲，它由流域内年降水量减去年径流量而得，陆面蒸发等值线即以此方法绘制而得；除此，陆面蒸发量还可以利用经验公式来估算。

我国根据蒸发量为300mm的等值线自东北向西南将中国陆地蒸发量分布划分为两个区：

①陆面蒸发量低值区（300mm等值线以西）：一般属于干旱半干旱地区，雨量少、温度低，如塔里木盆地、柴达木盆地其多年平均陆面蒸发量小于25mm。

②陆面蒸发量高值区（300mm等值线以东）：一般属于湿润与半湿润地区，我国广大的南方湿润地区雨量大，蒸发能力可以充分发挥。海南省东部多年平均陆面蒸发量可达1000mm以上。

说明陆面蒸发量的大小不仅取决于热能条件，还取决于陆面蒸发能力和陆面供水条件。陆面蒸发能力可近似的由实测水面蒸发量综合反映，而陆面供水条件则与降水量大小及其分配是否均匀有关。我国蒸发量的地区分布与降水、径流的地区分布有着密切关系，由东南向西北有明显递减趋势，供水条件是陆面蒸发的主要制约因素。

一般说来，降水量年内分配比较均匀的湿润地区，陆面蒸发量与陆面蒸发能力相差不大，如长江中下游地区，供水条件充分，陆面蒸发量的地区变化和年际变化都不是很大，年陆面蒸发量仅在550~750mm间变化，陆面蒸发量主要由热能条件控制。但在干旱地区陆面蒸发量则远小于陆面蒸发能力，其陆面蒸发量的大小主要取决于供水条件。

(3)流域总蒸发

流域总蒸发是流域内所有的水面蒸发、土壤蒸发和植物蒸腾的总和。因为流域内气象条件和下垫面条件复杂，要直接测出流域的总蒸发几乎不可能，实用的方法是先对流域进行综合研究，再用水量平衡法或模型计算方法求出流域的总蒸发。

二、地下水资源的形成与特点

地下水是指存在于地表以下岩石和土壤的孔隙、裂隙、溶洞中的各种状态的水体由渗透和凝结作用形成，主要来源为大气水。广义的地下水是指赋存于地面以下岩土孔隙中的水，包括包气带及饱水带中的孔隙水。狭义的地下水则指赋存于饱水带岩土孔隙中的水。地下水资源是指能被人类利用、逐年可以恢复更新的各种状态的地下水。地下水由于水量稳定，水质较好，是工农业生产和人们生活的重要水源。

1.岩石孔隙中水的存在形式

岩石孔隙中水的存在形式主要为气态水、结合水、重力水，毛细水和固态水。

(1)气态水：以水蒸气状态储存和运动于未饱和的岩石孔隙之中，来源于地表大气中的水汽移入或岩石中其他水分蒸发，气态水可以随空气的流动而运动。空气不运动时，气态水也可以由绝对湿度大的地方向绝对湿度小的地方运动。当岩石孔隙中水汽增多达到饱和时或是当周围温度降低至露点时，气态水开始凝结成液态水而补给地下水。由于气态水的凝结不一定在蒸发地区进行，因此会影响地下水的重新分布。气态水本身不能直接开采利用，也不能被植物吸收。

(2)结合水：松散岩石颗粒表面和坚硬岩石孔隙壁面，因分子引力和静电引力作用产生使水分子被牢固地吸附在岩石颗粒表面，并在颗粒周围形成很薄的第一层水膜，称为吸着水。吸着水被牢牢地吸附在颗粒表面，其吸附力达 1000atm（标准大气压），不能在重力作用下运动，故又称为强结合水。其特征为：不能流动，但可转化为气态水而移动；冰点降低至 $-78℃$ 以下；不能溶解盐类，无导电性；具有极大的黏滞性和弹性；平均密度为 $2g/m^3$。

吸着水的外层，还有许多水分子亦受到岩石颗粒引力的影响，吸附着第二层水膜，称为薄膜水。薄膜水的水分子距颗粒表面较远，吸引力较弱，故又称为弱结合水。薄膜水的特点是：因引力不等，两个质点的薄膜水可以相互移动，由薄膜厚的地方向薄处转移；薄膜水的密度虽与普通水差不多，但黏滞性仍然较大；有较低的溶解盐的能力。吸着水与薄膜水统称为结合水，都是受颗粒表面的静电引力作用而被吸附在颗粒表面。它们的含水量主要取决于岩石颗粒的表面积大小，与表面积大小成正比。在包气带中，因结合水的分布是不连续的，所以不能传递静水压力；而处在地下水面以下的饱水带时，当外力大于结合水的抗剪强度时，则结合水便能传递静水压力。

（3）重力水：岩石颗粒表面的水分子增厚到一定程度，水分子的重力大于颗粒表面，会产生向下的自由运动，在孔隙中形成重力水。重力水具有液态水的一般特性，能传递静水压力，有冲刷、侵蚀和溶解能力。从井中吸出或从泉中流出的水都是重力水。重力才是研究的主要对象。

（4）毛细水：地下水面以上岩石细小孔隙中具有毛细管现象，形成一定上升高度的毛细水带。毛细水不受固体表面静电引力的作用，而受表面张力和重力的作用，称为半自由水，当两力作用达到平衡时，便保持一定高度滞留在毛细管孔隙或小裂隙中，在地下水面以上形成毛细水带。由地下水面支撑的毛细水带，称为支持毛细水。其毛细管水面可以随着地下水位的升降和补给、蒸发作用而发生变化，但其毛细管上升高度保持不变，它只能进行垂直运动，可以传递静水压力。

（5）固态水：以固态形式存在于岩石孔隙中的水称为固态水，在多年冻结区或季节性冻结区可以见到这种水。

2.地下水形成的条件

(1) 岩层中有地下水的储存空间

岩层的空隙性是构成具有储水与给水功能的含水层的先决条件。岩层要构成含水层，首先要有能储存地下水的孔隙、裂隙或溶隙等空间，使外部的水能进入岩层形成含水层。然而，有空隙存在不一定就能构成含水层，如黏土层的孔隙度可达50%以上，但其空隙几乎全被结合水或毛细水所占据，重力水很少，所以它是隔水层。透水性好的砾石层、砂石层的孔隙度较大，孔隙也大，水在重力作用下可以自由出入，所以往往形成储存重力水的含水层。坚硬的岩石，只有发育有未被填充的张性裂隙、张扭性裂隙和溶隙时，才可能构成含水层。

空隙的多少、大小、形状、连通情况与分布规律，对地下水的分布与运动有着重要影响。按空隙特性可将其分类为：松散岩石中的孔隙、坚硬岩石中的裂隙和可溶岩石中的溶隙，分别用孔隙度、裂隙度和溶隙度表示空隙的大小，依次定义为岩石孔隙体积与岩石体体积之比、岩石裂隙体积与岩石总体积之比、可溶岩石孔隙体积与可溶岩石总体积之比。

(2) 岩层中有储存、聚集地下水的地质条件

含水层的构成还必须具有一定的地质条件，才能使具有空隙的岩层含水，并把地下水储存起来。有利于储存和聚集地下水的地质条件虽有各种形式，但概括起来不外乎是：空隙岩层下有隔水层，使水不能向下渗漏；水平方向有隔水层阻挡，以免水全部流空。只有这样的地质条件才能使运动在岩层空隙中的地下水长期储存下来，并充满岩层空隙而形成含水层如果岩层只具有空隙而无有利于储存地下水的构造条件，这样的岩层就只能作为过水通道而构成透水层。

(3) 有足够的补给来源

当岩层空隙性好，并具有储存、聚集地下水的地质条件时，还必须有充足的补给来源才能使岩层充满重力水而构成含水层。

地下水补给量的变化，能使含水层与透水层之间相互转化。在补给来源不足、消耗量大的枯水季节里，地下水在含水层中可能被疏干，这样含水层就变成了透水层；而在补给充足的丰水季节，岩层的空隙又被地下水充满，重新构成含水层。由此可见，补给来源不仅是形成含水层的一个重

要条件，而且是决定水层水量多少和保证程度的一个主要因素。

综上所述，只有当岩层具有地下水自由出入的空间，适当的地质构造条件和充足的补给来源时，才能构成含水层。这三个条件缺一不可，但有利于储水的地质构造条件是主要的。

因为空隙岩层存在于该地质构造中，岩空隙的发生、发展及分布都脱离不开这样的地质环境，特别是坚硬岩层的空隙，受构造控制更为明显；岩层空隙的储水和补给过程也取决于地质构造条件。

3.地下水的类型

按埋藏条件，地下水可划分为四个基本类型：土壤水（包气带水）、上层滞水、潜水和承压水。

土壤水是指吸附于土壤颗粒表面和存在于土壤空隙中的水。

上层滞水是指包气带中局部隔水层或弱透水层上积聚的具有自由水面的重力水，是在大气降水或地表水下渗时，受包气带中局部隔水层的阻托滞留聚集而成。上层滞水埋藏的共同特点是：在透水性较好的岩层中央有不透水岩层。上层滞水因完全靠大气降水或地表水体直接入渗补给，水量受季节控制特别显著，一些范围较小的上层滞水旱季往往干枯无水，当隔水层分布较广时可作为小型生活水源和季节性水源。上层滞水的矿化度一般较低，因接近地表，水质易受到污染。

潜水是指饱水带中第一个具有自由表面含水层中的水。潜水的埋藏条件决定了潜水具有以下特征。

（1）具有自由表面。由于潜水的上部没有连续完整的隔水顶板，因此具有自由水面，称为潜水面。有时潜水面上有局部的隔水层，且潜水充满两隔水层之间，在此范围内的潜水将承受静水压力，呈现局部承压现象。

（2）潜水通过包气带与地表相连通，大气降水、凝结水、地表水通过包气带的空隙通道直接渗入补给潜水，所以在一般情况下，潜水的分布区与补给区是一致的。

（3）潜水在重力作用下，由潜水位较高处向较低处流动，其流速取决于含水层的渗透性能和水力坡度。潜水向排泄处流动时，其水位逐渐下降，形成曲线形表面。

（4）潜水的水量、水位和化学成分随时间的变化而变化，受气候影响大，具有明显的季节性变化特征。

（5）潜水较易受到污染。潜水水质变化较大，在气候湿润、补给量充足及地下水流畅通地区，往往形成矿化度低的淡水；在气候干旱与地形低洼地带或补给量贫乏及地下水径流缓慢地区，往往形成矿化度很高的咸水。

潜水分布范围大，埋藏较浅，易被人工开采。当潜水补给充足，特别是河谷地带和山间盆地中的潜水，水量比较丰富，可作为工业、农业生产和生活用水的良好水源。

承压水是指充满于上下两个稳定隔水层之间的含水层中的重力水。承压水的主要特点是有稳定的隔水顶板存在，没有自由水面，水体承受静水压力，与有压管道中的水流相似。承压水的上部隔水层称为隔水顶板，下部隔水层称为隔水底板；两隔水层之间的含水层称为承压含水层；隔水顶板到底板的垂直距离称为含水层厚度。

承压水由于有稳定的隔水顶板和底板，因而与外界联系较差，与地表的直接联系大部分被隔绝，所以其埋藏区与补给区不一致。承压含水层在出露地表部分可以接受大气降水及地表水补给，上部潜水也可越流补给承压含水层。承压水的排泄方式多种多样，可以通过标高较低的含水层出露区或断裂带排泄到地表水、潜水含水层或另外的承压含水层，也可直接排泄到地表成为上升泉。承压含水层的埋藏度一般都较潜水为大，在水位、水量、水温、水质等方面受水文气象因素、人为因素及季节变化的影响较小，因此富水性较好的承压含水层是理想的供水水源。虽然承压含水层的埋藏深度较大，但其稳定水位都常常接近或高于地表，这为开采利用创造了有利条件。

4.地下水循环

地下水循环是指地下水的补给、径流和排泄过程，是自然界水循环的重要组成部分，不论是全球的大循环还是陆地的小循环，地下水的补给、径流、排泄都是其中的一部分。大气降水或地表水渗入地下补给地下水，地下水在地下形成径流，又通过潜水蒸发、流入地表水体及泉水涌出等形式排泄。这种补给、径流、排泄无限往复的过程即为地下水的循环。

（1）地下水补给

含水层自外界获得水量的过程称为补给。地下水的补给来源主要有大气降水、地表水、凝结水、其他含水层的补给及人工补给等。

①大气降水入渗补给：当大气降水降落到地表后，一部分蒸发重新回到大气，一部分变为地表径流，剩余一部分达到地面以后，向岩石、土壤的空隙渗入，如果降雨以前土层湿度不大，则入渗的降水首先形成薄膜水。达到最大薄膜水量之后，继续入渗的水则充填颗粒之间的毛细孔隙，形成毛细水。当包气层的毛细孔隙完全被水充满时，形成重力水的连续下渗而不断地补给地下水。

在很多情况下，大气降水是地下水的主要补给方式。大气降水补给地下水的水量受到很多因素的影响，与降水强度、降水形式、植被、包气带岩性、地下水埋深等有关。一般当降水量大、降水过程长、地形平坦、植被茂盛、上部岩层透水性好、地下水埋藏深度不大时大气降水才能大量入渗补给地下水。

②地表水入渗补给：地表水和大气降水一样，也是地下水的主要补给来源，但时空分布特点不同。在空间分布上，大气降水入渗补给地下水呈面状补给，范围广且较均匀；而地表入渗补给一般为线状补给或呈点状补给，补给范围仅限地表水体周边。在时间分布上，大气降水补给的时间有限，具有随机性，而地表水补给的持续时间一般较长，甚至是经常性的。

地表水对地下水的补给强度主要受岩层透水性的影响，还与地表水水位与地下水水位的高差、洪水延续时间、河水流量、河水含沙量、地表水体与地下水联系范围的大小等因素有关。

③凝结水入渗补给：凝结水的补给是指大气中过饱和水分凝结成液态水渗入地下补给地下水。沙漠地区和干旱地区昼夜温差大，白天气温较高，空气中含水量一般不足，但夜间温度下降，空气中的水蒸气含量过于饱和，便会凝结于地表，然后入渗补给地下水。在沙漠地区及干旱地区，大气降水和地表水很少，补给地下水的部分微乎其微，因此凝结水的补给就成为这些地区地下水的主要补给来源。

④含水层之间的补给：两个含水层之间具有联系通道、存在水头差并有水力联系时，水头较高的含水层将水补给水头较低的含水层。其补给途径可以通过含水层之间的"天窗"发生水力联系，也可以通过含水层之间的越流方式补给。

⑤人工补给：地下水的人工补给是借助某些工程措施，人为地使地表水自流或用压力将其引入含水层，以增加地下水的渗入量。人工补给地下水具有占地少、造价低、管理易、蒸发少等优点，不仅可以增加地下水资源，还可以改善地下水水质，调节地下水温度，阻拦海水入侵，减小地面沉降。

（2）地下水径流

地下水在岩石空隙中流动的过程称为径流。地下水径流过程是整个地球水循环的一部分。大气降水或地表水通过包气带向下渗漏，补给含水层成为地下水，地下水又在重力作用下，由水位高处向水位低处流动，最后在地形低洼处以泉的形式排出地表或直接排入地表水体，如此反复循环过程就是地下水的径流过程。天然状态（除了某些盆地外）和开采状态下的地下水都是流动的。

影响地下水径流的方向、速度、类型、径流量的主要因素有：含水层的空隙特性、地下水的埋藏条件、补给量、地形状况、地下水的化学成分，人类活动等。

（3）地下水排泄

含水层失去水量的作用过程称为地下的排泄。在排泄过程中，地下水水量、水质及水位都会随之发生变化。

地下水通过泉（点状排泄）、向河流泄流（线状排泄）及蒸发（面状排泄）等形式向外界排泄。此外，一个含水层中的水可向另一个含水层排泄，也可以由人工进行排泄，如用井开发地下水，或用钻孔、渠道排泄地下水等。人工开采是地下水排泄的最主要途径之一。当过量开采地下水，使地下水排泄量远大于补给量时，地下水的均衡就遭到破坏，造成地下水水位长期下降。只有合理开采地下水，即开采量小于或等于地下水总补给量与总排泄量之差时，才能保证地下水的动态平衡，使地下水一直处于良性循环状态。

在地下水的排泄方式中，蒸发排泄仅耗失水量，盐分仍留在地下水中。其他类型的排泄属于径流排泄，盐分随水分同时排走。

地下水的循环可以促使地下水与地表水的相互转化。天然状态下的河流在枯水期的水位低于地下水位，河道成为地下水排泄通道，地下水转化成地表水；在洪水期的水位高于地下水位，河道中的地表水渗入地下补给地下水。平原区浅层地下水通过蒸发并入大气，再降水形成地表水，并渗入地下形成地下水。在人类活动影响下，这种转化往往会更加频繁和深入从多年平均来看，地下水循环具有较强调节能力，存在着一排一补的周期变化。只要不超量开采地下水，在枯水年可以允许地下水有较大幅度的下降，待到丰水年地下水可得到补充，恢复到原来的平衡状态。这体现了地下水资源的可恢复性。

第二节　水循环

一、水循环的概念

水循环是指各种水体受太阳能的作用，不断地进行相互转换和周期性的循环过程。水循环一般包括降水、径流、蒸发三个阶段。降水包括雨、雪、雾、雹等形式；径流是指沿地面和地下流动着的水流，包括地面径流和地下径流；蒸发包括水面蒸发，植物蒸腾、土壤蒸发等。

自然界水循环的发生和形成应具有三个方面的主要作用因素：一是水的相变特性和气液相的流动性决定了水分空间循环的可能性；二是地球引力和太阳辐射热对水的重力和热力效应是水循环发生的原动力；三是大气流动方式、方向和强度，如水汽流的传输、降水的分布及其特征、地表水流的下渗及地表和地下水径流的特征等。这些因素的综合作用，形成了自然界错综复杂、气象万千的水文现象和水循环过程。

在各种自然因素的作用下，自然界的水循环主要通过以下几种方式进行：

（1）蒸发作用

在太阳热力的作用下，各种自然水体及土壤和生物体中的水分产生汽化进入大气层中的过程统称为蒸发作用，它是海陆循环和陆地淡水形成的主要途径。海洋水的蒸发作用为陆地降水的源泉。

（2）水汽流动

太阳热力作用的变化将产生大区域的空气动风，风的作用和大气层中水汽压力的差异，是水汽流动的两个主要动力。湿润的海风将海水蒸发形成的水分源源不断地运往大陆，是自然水分大循环的关键环节。

（3）凝结与降水过程

大气中的水汽在水分增加或温度降低时将逐步达到饱和，之后便以大气中的各种颗粒物质或尘粒为凝结核而产生凝结作用，以雹、雾、霜、雪、雨、露等各种形式的水团降落地表而形成降水。

（4）地表径流、水的下渗及地下径流

降水过程中，除了降水的蒸散作用外，降水的一部分渗入岩土层中形成各种类型的地下水，参与地下径流过程，另一部分来不及入渗，从而形成地表径流。陆地径流在重力作用下不断向低处汇流，最终复归大海完成水的一个大循环过程。在自然界复杂多变的气候、地形、水文、地质、生物及人类活动等因素的综合影响下，水分的循环与转化过程是极其复杂的。

二、地球上的水循环

地球上的水储量只是在某一瞬间储存在地球上不同空间位置上水的体积，以此来衡量不同类型水体之间量的多少。在自然界中，水体并非静止不动，而是处在不断的运动过程中，不断地循环、交替与更新，因此，在衡量地球上水储量时，要注意其时空性和变动性。地球上水的循环体现为在太阳辐射能的作用下，从海洋及陆地的江、河、湖和土壤表面及植物叶面蒸发成水蒸气上升到空中，并随大气运行至各处，在水蒸气上升和运移过程中遇冷凝结而以降水的形式又回到陆地或水体。降到地面的水，除植物吸收和蒸发外，一部分渗入地表以下成为地下径流，另一部分沿地表流动成为地面径流，并通过江河流回大海。然后又继续蒸发、运移、凝结形成降水。这种水的蒸发→降水→径流的过程周而复始、不停地进行着。通常把自然界的这种运动称为自然界的水文循环。

自然界的水文循环，根据其循环途径分为大循环和小循环。

大循环是指水在大气圈、水圈、岩石圈之的循环过程。具体表现为：海洋中的水蒸发到大气中以后，一部分飘移到大陆上空形成积云，然后以降水的形式降落到地面。降落到地面的水，其中一部分形成地表径流，通过江河汇入海洋；另一部分则渗入地下形成地下水，又以地下径流或泉流的形式慢慢地注入江河或海洋。

小循环是指陆地或者海洋本身的水单独进行循环的过程。陆地上的水，通过蒸发作用（包括江、河、湖、水库等水面蒸发、潜水蒸发、陆面蒸发及植物蒸腾等）上升到大气中形成积云，然后以降水的形式降落到陆地表面形成径流。海洋本身的水循环主要是海水通过蒸发形成水蒸气而上升，然后再以降水的方式降落到海洋中。

水循环是地球上最主要的物质循环之一。通过形态的变化，水在地球上起到输送热量和调节气候的作用，对于地球环境的形成、演化和人类生存都有着重大的作用和影响。水的不断循环和更新为淡水资源的不断再生提供条件，为人类和生物的生存提供基本的物质基础。根据联合国1978年的统计资料，参与全球动态平衡的循环水量为 $0.0577 \times 10^3 km^3$，仅占全球水储量的 0.049%。参与全球水循环的水量中，地球海洋部分的比例大于地球陆地部分，且海洋部分的蒸发量大于降雨量。

参与循环的水，无论从地球表面到大气、从海洋到陆地或从陆地到海洋，都在经常不断地更替和净化自身。地球上各类水体由于其储存条件的差异，更替周期具有很大的差别。

所谓更替周期是指在补给停止的条件下，各类水从水体中排干所需要的时间。

冰川、深层地下水和海洋水的更替周期很长，一般都在千年以上。河水更替周期较短平均为 16d 左右。在各种水体中，以大水、河川水和土壤水最为活跃。因此在开发利用水资源过程中，应该充分考虑不同水体的更替周期和活跃程度，合理开发，以防止由于更替周期长或补给不及时，造成水资源的枯竭。

自然界的水文循环除受到太阳辐射能作用，从大循环或小循环方式不停运动之外，由于人类生产与生活活动的作用与影响不同程度地发生"人为水循环"，可以发现，自然界的水循环在叠加人为循环后，是十分复杂的循环过程。

自然界水循环的径流部分除主要参与自然界的循环外，还参与人为水循环。水资源的人为循环过程中不能复原水与回归水之间的比例关系，以及回归水的水质状况局部改变了自然界水循环的途径与强度，使其径流条件局部发生重大或根本性改变，主要表现在对径流量和径流水质的改变。

回归水（包括工业生产与生活污水处理排放、农田灌溉回归）的质量状况直接或间接对水循环水质产生影响，如区域河流与地下水污染。人为循环对水量的影响尤为突出，河流、湖泊来水量大幅度减少，甚至干涸，地下水水位大面积下降，径流条件发生重大改变。不可复原水量所占比例越大，对自然水文循环的扰动越剧烈，天然径流量的降低将十分显著，引起一系列的环境与生态灾害。

三、我国水循环途径

我国地处西伯利亚干冷气团和太平洋暖湿气团进退交锋地区，一年内水汽输送和降水量的变化主要取决于太平洋暖湿气团进退的早晚和西伯利亚干冷气团强弱的变化，以及 7~8 月间太平洋西部的台风情况。

我国的水汽主要来自东南海洋，并向西北方向移运，首先在东南沿海地区形成较多的降水，越向西北，水汽量越少。来自西南方向的水汽输入也是我国水汽的重要来源，主要是由于印度洋的大量水汽随着西南季风进入我国西南，因而引起降水，但由于崇山峻岭阻隔，水汽不能深入内陆腹地。西北边疆地区，水汽来源于西风环流带来的大西洋水汽。此外，北冰洋的水汽，借强盛的北风，经西伯利亚、蒙古进入我国西北，因风力较大而稳定，有时甚至可直接通过两湖盆地而达珠江三角洲，但所含水汽量少，引起的降水量并不多。我国东北方的鄂霍次克海的水汽随东北风来到东北地区，对该地区降水起着相当大的作用。

综上所述，我国水汽主要从东南和西南方向输入，水汽输出口主要是东部沿海，输入的水汽，在一定条件下凝结、降水成为径流。其中大部分经东北的黑龙江、图们江、绥芬河鸭绿江、辽河、华北的滦河、海河、黄河，中部的长江、淮河，东南沿海的钱塘江、闽江华南的珠江，西南的元江、澜沧江以及中国台湾省各河注入太平洋；少部分经怒江、雅鲁藏布江等流入印度洋；还有很少一部分经额尔齐斯河注入北冰洋。

一个地区的河流，其径流量的大小及其变化取决于所在的地理位置，及水循环线中外来水汽输送量的大小和季节变化，也受当地水汽蒸发多少的控制。因此，要认识一条河流的径流情势，不仅要研究本地区的气候及自然理条件，也要研究它在大区域内水分循环途径中所处的地位。

第三章　水资源保护

第一节　水资源保护概述

　　水是生命的源泉，它滋润了万物，哺育了生命。我们赖以生存的地球有70%是被水覆盖着，而其中97%为海水，与我们生活关系最为密切的淡水，只有3%，而淡水中又有70%～80%为川淡水，目前很难利用。因此，我们能利用的淡水资源是十分有限的，并且受到污染的威胁。

　　中国水资源分布存在如下特点：总量不丰富，人均占有量更低；地区分布不均，水土资源不相匹配；年内年际分配不匀，旱涝灾害频繁。而水资源开发利用中的供需矛盾日益加剧。首先是农业干旱缺水，随着经济的发展和气候的变化，中国农业，特别是北方地区农业干旱缺水状况加重，干旱缺水成为影响农业发展和粮食安全的主要制约因素。其次是城市缺水，中国城市缺水，特别是改革开放以来，城市缺水愈来愈严重。同时，农业灌溉造成水的浪费，工业用水浪费也很严重，城市生活污水浪费惊人。

　　目前，我国的水资源环境污染已经十分严重，根据我国环保局的有关报道：我国的主要河流有机污染严重，水源污染日益突出。大型淡水湖泊中大多数湖泊处在富营养状态，水质较差。另外，全国大多数城市的地下水受到污染，局部地区的部分指标超标。由于一些地区过度开采地下水，导致地下水位下降，引发地面的坍塌和沉陷、地裂缝和海水入侵等地质问题，并形成地下水位降落漏斗。

　　农业、工业和城市供水需求量不断提高导致了有限的淡水资源更为紧张。为了避免水危机，我们必须保护水资源。水资源保护是指为防止因水资源不恰当利用造成的水源污染和破坏而采取的法律、行政、经济、技术、教育等措施的总和。水资源保护的主要内容包括水量保护和水质保护两个方面。在水量保护方面，主要是对水资源统筹规划、涵养水源、调节水量、科学用水、节约用水、建设节水型工农业和节水型社会。在水质保护方面，主要是制定水质规划，提出防治措施。具体工作内容是制定水环境保护法规和标准；进行水质调查、监测与评价；研究水体中污染物质迁移、污染物质转化和污染物质降解与水体自净作用的规律；建立水质模型，制定水环境规划；实行科学的水质管理。

　　水资源保护的核心是根据水资源时空分布、演化规律，调整和控制人类的各种取用水行为，使水资源系统维持一种良性循环的状态，以达到水资源的可持续利用。水资源保护不是以恢复或保持地表水、地下水天然状态为目的的活动，而是一种积极的、促进水资源开发利用更合理、更科学的问题。水资源保护与水资源开发利用是对立统一的，两者既相互制约，又相互促进。保护工作做得好，水资源才能可持续开发利用；开发利用科学合理了，也就达到了保护的目的。

　　水资源保护工作应贯穿在人与水的各个环节中。从更广泛地意义上讲，正确客观地调查、评价水资源，合理地规划和管理水资源，都是水资源保护的重要手段，因为这些工作是水资源保护的基础。从管理的角度来看，水资源保护主要是"开源节流"、防治和控制水源污染。它一方面涉及水资源、经济、环境三者平衡与协调发展的问题，另一方面还涉及各地区、各部门、集体和个人用水利益的分配与调整。这里面既有工程技术问题，也有经济学和社会学问题。同时，还要广大群众积极响应，共同参与，就这一点来说，水资源保护也是一项社会性的公益事业。

第二节　天然水的组成与性质

一、水的基本性质

1.水的分子结构

　　水分子是由一个氧原子和两个氢原子过共价键键合所形成。通过对水分子结构的测定分析，两个 O—H 键之间的夹角为 104.5°，H—O 键的键长为 96pm。由于氧原子的电负性大于氢原子，O—H 的成键电子对更趋向于氧原子而偏离氢原子，从而氧原子的电子云密度大于氢原子，使得水分子具有较大的偶极矩（μ=1.84D），是一种极性分子。水分子的这种性质使得自然界中具有极性的化合物容易溶解在水中。水分子中氧原子的电负性大，O—H 的偶极矩大，使得氢原子部分正电荷，可以把另一个水分子中的氧原子吸引到很近的距离形成氢键。水分子间氢键能为 18.81KJ/mol，约为 O—H 共价键的 1/20 氢键的存在，增强了水分子之间的作用力。冰融化成水或者水汽化生成水蒸气，都需要环境中吸收能量来破坏氢键。

2.水的物理性质

水是一种无色、无味、透明的液体，主要以液态、固态、气态三种形式存在。水本身也是良好的溶剂，大部分无机化合物可溶于水。由于水分子之间氢键的存在，使水具有许多不同于其他液体的物理、化学性质，从而决定了水在人类生命过程和生活环境中无可替代的作用。

（1）凝固（熔）点和沸点

在常压条件下，水的凝固点为 0℃，沸点为 100℃。水的凝固点和沸点与同一主族元素的其他氢化物熔点、沸点的递变规律不相符，这是由于水分子间存在氢键的作用。水的分子间形成的氢键会使物质的熔点和沸点升高，这是因为固体熔化或液体汽化时必须破坏分子间的氢键，从而需要消耗较多能量的缘故。水的沸点会随着大气压力的增加而升高，而水的凝固点随着压力的增加而降低。

（2）密度

在大气压条件下，水的密度在 4℃时最大，为 $1 \times 10^3 kg/m^3$，温度高于 4℃时，水的密度随温度升高而减小，在 0~4℃时，密度随温度的升高而增加。

水分子之间能通过氢键作用发生缔合现象。水分子的缔合作用是一种放热过程，温度降低，水分子之间的缔合程度增大。当温度≤0℃，水以固态的冰的形式存在时，水分子缔合在一起成为一个大的分子。冰晶体中，水分子中的氧原子周围有四个氢原子，水分子之间构成了一个四面体状的骨架结构。冰的结构中有较大的空隙，所以冰的密度反比同温度的水小。当冰从环境中吸收热量，熔化生成水时，冰晶体中一部分氢键开始发生断裂，晶体结构崩溃，体积减小，密度增大。当进一步升高温度时，水分子间的氢键被进一步破坏，体积进而继续减小，使得密度增大；同时，温度的升高增加了水分子的动能,分子振动加剧,水具有体积增加而密度减小的趋势。在这两种因素的作用下,水的密度在4℃时最大。

水的这种反常的膨胀性质对水生生物的生存发挥了重要的作用。因为寒冷的冬季,河面的温度可以降低到冰点或者更低,这是无法适合动植物生存的。当水结冰的时候,冰的密度小,浮在水面,4℃的水由于密度最大,而沉降到河底或者湖底,可以保水下生物的生存。而当天暖的时候,冰在上面也是最先熔化。

(3)高比热容、高汽化热

水的比热容为4.18×10^3J/(kg·K),是常见液体和固体中最大的。水的汽化热也极高,在2℃下为2.4×10^3(KJ/kg)。正是由于这种高比热容、高汽化热的特性,地球上的海洋、湖泊、河流等水体白天吸收到达地表的太阳光热能,夜晚又将热能释放到大气中,避免了剧烈的温度变化,使地表温度长期保持在一个相对恒定的范围内。通常生产上使用水做传热介质,除了它分布广外,主要是利用水的高比热容的特性。

(4)高介电常数

水的介电常数在所有的液体中是最高的,可使大多数蛋白质、核酸和无机盐能够在其中溶解并发生最大程度的电离,这对营养物质的吸收和生物体内各种生化反应的进行具有重要意义。

(5)水的依数性

水的稀溶液中,由于溶质微粒数与水分子数的比值的变化,会导致水溶液的蒸汽压、凝固点、沸点和渗透压发生变化。

(6)透光性

水是无色透明的,太阳光中可见光和波长较长的近紫外光部分可以透过,使水生植物光合作用所需的光能够到达水面以下的一定深度,而对生物体有害的短波远紫外光则几乎不能通过。这在地球上生命的产生和进化过程中起到了关键性的作用,对生活在水中的各种生物具有至关重要的意义。

3.水的化学性质

(1)水的化学稳定性

在常温常压下,水是化学稳定的,很难分解产生氢气和氧气。在高温和催化剂存在的条件下，水会发生分解，同时电解也是水分解的一种常用方式。水在直流电作用下，分解生成氢气和氧气，工业上用此法制纯氢和纯氧。

（2）水合作用

溶于水的离子和极性分子能够与水分子发生水合作用，相互结合，生成水合离子或者水合分子。这一过程属于放热过程。水合作用是物质溶于水时必然发生的一个化学过程，只是不同的物质水合作用方式和结果不同。

（3）水的电离

水能够发生微弱的电离，产生 H^+ 和 HO^-。纯净水的 pH 值理论上为 7，天然水体的 pH 值一般为 6~9。水体中同时存在 H+ 和 HO^-，呈现出两性物质的特性。

（4）水解反应

物质溶于水所形成的金属离子或者弱酸根离子能够与水发生水解反应，弱酸根离子发生水解反应，生成相应的共轭酸。

二、天然水的组成

（一）天然水的组成

天然水在形成和迁移的过程中与许多具有一定溶解性的物质相接触，由于溶解和交换作用，使得天然水体富含有各种化学组分。天然水体所含有的物质主要包括无机离子、溶解性气体、微量元素、水生生物、有机物以及泥沙和黏土等。

1.天然水中的主要离子

天然水体中常见的离子为 Na^+、K^+、Ca^{2+}、Mg^{2+}、HCO-3、CO2-3、Cl^-、SO2-4。它们的含量占天然水离子总量的 95%~99% 以上。

重碳酸根离子和碳酸根离子在天然水体中的分布很广，几乎所有水体都有它的存在，主要来源于碳酸盐矿物的溶解。一般河水与湖水中超过 250mg/L，在地下水中的含量略高。造成这种现象的原因在于在水中如果要保持大量的重碳酸根离子，则必须要有大量的二氧化碳，而空气中二氧化碳的分压很小、二氧化碳很容易从水中逸出。

天然水中的氯离子是水体中常见的一种阴离子，主要来源于火成岩的风化产物和蒸发盐矿物。它在水中有广泛分布，在水中含量变化范围很大，一般河流和湖泊中含量很小，要用 mg/L 来表示。但随着水矿化度的增加，氯离子的含量也在增加，在海水以及部分盐湖中，氯离子含量达到十几 g/L 以上，而且成为主要阴离子。

硫酸根离子是天然水中重要的阴离子，主要来源于石膏的溶解、自然硫的氧化、硫化物的氧化、火山喷发产物、含硫植物及动物体的分解和氧化。硫酸根离子分布在各种水体中，河水中硫酸根离子含量在 0.8 ~ 199mg/L 之间；大多数的淡水湖泊，其硫酸根离子含量比河水中含量高；在干旱地区的地表及地下水中，硫酸根离子的含量往往可达到几 g/L；海水中硫酸根离子含量为 2 ~ 3g/L 而在海洋的深部，由于还原作用，硫酸根离子有时甚至不存在。硫酸盐含量不高时，对人体健康几乎没有影响，但是当含量超过 250mg/L 时，有致泻作用，同时高浓度的硫酸盐会使水有微苦涩味，因此，国家饮用水水质标准规定饮用水中的硫酸盐含量不超过 250mg/L。

钙离子是大多数天然淡水的主要阳离子。钙广泛地分布于岩石中，沉积岩中方解石、石膏和萤石的溶解是钙离子的主要来源。河水中的钙离子含量一般为 20mg/L 左右。镁离子主要来自白云岩以及其他岩石的风化产物的溶解，大多数天然水中镁离子的含量在 1 ~ 40mg/L，一般很少有以镁离子为主要阳离子的天然水。通常在淡水中的阳离子以钙离子为主；在咸水中则以钠离子为主。水中的钙离子和镁离子的总量称为水体的总硬度。硬度的单位为度，硬度为 1 度的水体相当于含有 10mg/L 的 CaO。

水体过软时，会引起或加剧身体骨骼的某些疾病，因此，水体中适当的钙含量是人类生活不可或缺的。但水体的硬度过高时，饮用会引起人体的肠胃不适，同时也不利于人们生活中的洗涤和烹饪；当高硬度水用于锅炉时，会在锅炉的内壁结成水垢，影响传热效率，严重时还会引起爆炸，所以高硬度水用于工业生产中应该进行必要的软化处理。

钠离子主要来自火成岩的风化产物，天然水中的含量在 1 ~ 500mg/L 范围内变化。含钠盐过高的水体用于灌溉时，会造成土壤的盐渍化，危害农作物的生长。同时，钠离子具有固定水分的作用，高血压病人和浮肿病人需要限制钠盐的摄取量。钾离子主要分布于酸性岩浆岩及石英岩中，在天然水中的含量要远低于钠离子。在大多数饮用水中，钾离子的含量一般小于 20mg/L；而某些溶解性固体含量高的水和温泉中，钾离子的含量可高达到 100～1000mg/L。

2.溶解性气体

天然水体中的溶解性气体主要有氧气、二氧化碳、硫化氢等。

天然水中的溶解性氧气主要来自大气的复氧作用和水生植物的光合作用。溶解在水体中的分子氧称为溶解氧（Dissolved oxygen，DO），溶解氧在天然水中起着非常重要的作用。水中动植物及微生物需要溶解氧来维持生命，同时溶解氧是水体中发生的氧化还原反应的主要氧化剂，此外水体中有机物的分解也是好氧微生物在溶解氧的参与下进行的。水体的溶解氧是一项重要的水质参数，溶解氧的数值不仅受大气复氧速率和水生植物的光合速率影响，还受水体中微生物代谢有机污染物的速率影响。当水体中可降解的有机污染物浓度不是很高时，好氧细菌消耗溶解氧分解有机物，溶解氧的数值降低到一定程度后不再下降；而当水体中可降解的有机污染物较高，超出了水体自然净化的能力时，水体中的溶解氧可能会被耗尽，厌氧细菌的分解作用占主导地位，从而产生臭味。

天然水中的二氧化碳主要来自水生动植物的呼吸作用。从空气中获取的二氧化碳几乎只发生在海洋中，陆地上的水体很少从空气中获取二氧化碳，因为陆地水中的二氧化碳含量经常超过它与空气中二氧化碳保持平衡时的含量，水中的二氧化碳会逸出。河流和湖泊中二氧化碳的含量一般不超过 20～30mg/L。

天然水中的硫化氢来自水体底层中各种物残骸腐烂过程中含硫蛋白质的分解，水中的无机硫化物或硫酸盐在缺氧条件下，也可还原成硫化氢。一般来说硫化氢位于水体的底层，当水体受到扰动时，硫化氢气体就会从水体中逸出。当水体中的硫化氢含量达到 10mg/L 时，水体就会发出难闻的臭味。

3.微量元素

所谓微量元素是指在水中含量小于 0.1％ 的元素。在这些微量元素中比较重要的有卤素（氟、溴、碘）、重金属（铜、锌、铅、钴、镍、钛、汞、镉）和放射性元素等。尽管微量元素的含量很低，但与人的生存和健康息息相关，对人的生命起至关重要的作用。它们的摄入过量、不足、不平衡或缺乏都会不同程度地引起人体生理的异常或发生疾病。

4.水生生物

天然水体中的水生生物种类繁多，有微生物、藻类以及水生高等植物、各种无脊椎动物和脊椎动物。水体中的微生物是包括细菌、病毒、真菌以及一些小型的原生动物、微藻类等在内的一大类生物群体，它个体微小，却与水体净化能力关系密切。微生物通过自身的代谢作用（异化作用和同化作用）使水中悬浮和溶解在水里的有机物污染物分解成简单、稳定的无机物二氧化碳。水体中的藻类和高级水生植物通过吸附、利用和浓缩作用去除或者降低水体中的重金属元素和水体中的氮、磷元素。生活在水中的较高级动物如鱼类，对水体的化学性质影响较小，但是水质对鱼类的生存影响却很大。

5.有机物

天然水体的有机物主要来源于水体和土壤中的生物的分泌物和生物残体以及人类生产生活所产生的污水，包括碳水化合物、蛋质、氨基酸、脂肪酸、色素、纤维素、腐殖质等。水中的可降解有机物的含量较高时，有机物的降解过程中会消耗大量的溶解氧，导致水体腐败变臭。当饮用水源水有机物含量比较高时，会降低水处理工艺的处理效果，并且会增加消毒副产物的生成量。

（二）天然水的分类

天然水体在形成和迁移的过程中不断地与周围环境相互作用，其化学成分组成也多种多样，这就需要采用某种方式对水体进行分类，从而反映天然水体水质的形成和演化过程，为水资源的评价、利用和保护提供依据。下面介绍苏联学者 O. A.阿列金提出的两种常用分类方法。

1.按水体中的总盐量分类

按水体中的总盐量对水体进行分类，在这种分类法中，把淡水的总含盐量范围确定在 1. 0g/kg 之内，是基于人的感觉。当水的总盐量大于该值时便具有咸味；微咸水与咸水的总含盐量界线确定为25g/kg，是因为在该总盐量下，水的冻结温度与其最大密度时的温度相同；咸水与盐水界线为50g/kg，则是根据海水中还未出现过总盐量大于该值的情况来确定的。

2.按水体中主要无机离子分类

首先按照含量最多的阴离子将水体分为三类：重碳酸盐类、硫酸盐类、氯化物，并分别用 C、S、Cl 三种符号表示。然后按照含量最多的阳离子把每类水体再进一步划分为三组，即钙组、镁组、和钠组。最后按阴离子和阳离子间的相对关系，把各组分为4种水型。

Ⅰ型是低矿化水体，主要是含有大量 Na⁺ 和 K⁺ 的水体，水中含有相当数量的 $NaHCO_3$；Ⅱ型是低矿化水体和中矿化水体，河水、湖水和地下水都属于这种类型；Ⅲ型水体有很高的矿化度，海洋水和海湾水及高矿化度的地下水属于这一类型；Ⅳ型水体属于酸性水体，其特点是没有 HCO_3，酸性沼泽水和硫化矿床水体属于这一类水体。另外在硫酸盐和氯化物的钙组和镁组中不可出现Ⅰ型水，只能由Ⅳ型水代替。

第三节　水体污染

一、天然水的污染及主要污染物

1.水体污染

水污染主要是由于人类排放的各种外源性物质进入水体后，而导致其化学、物理、生物或者放射性等方面特性的改变，超出了水体本身自净作用所能承受的范围，造成水质恶化的现象。

2.污染源

造成水体污染的因素是多方面的，如向水体排放未经妥善处理的城市污水和工业废水；施用化肥、农药及城市地面的污染物被水冲刷而进入水体；随大气扩散的有毒物质通过重力沉降或降水过程而进入水体等。

按照污染源的成因进行分类，可以分成自然污染源和人为污染源两类。自然污染源是因自然因素引起污染的，如某些特殊地质条件（特殊矿藏、地热等）、火山爆发等。由于现代人们还无法完全对许多自然现象实行强有力的控制，因此也难控制自然污染源。人为污染源是指由于人类活动所形成的污染源，包括工业、农业和生活等所产生的污染源。人为污染源是可以控制的，但是不加控制的人为污染源对水体的污染远比自然污染源所引起的水体污染程度严重。人为污染源产生的污染频率高、污染的数量大、污染的种类多、污染的危害深，是造成水环境污染的主要因素。

　　按污染源的存在形态进行分类，可以分为点源污染和面源污染。点源污染是以点状形式排放而使水体造成污染，如工业生产水和城市生活污水。它的特点是排污经常，污染物量多且成分复杂，依据工业生产废水和城市生活污水的排放规律，具有季节性和随机性，它的量可以直接测定或者定量化，其影响可以直接评价。而面源污染则是以面积形式分布和排放污染物而造成水体污染，如城市地面、农田、林田等。面源污染的排放是以扩散方式进行的，时断时续，并与气象因素有联系，其排放量不易调查清楚。

　　3.天然水体的主要污染物

　　天然水体中的污染物质成分极为复杂，从化学角度分为四大类：

　　无机无毒物：酸、碱、一般无机盐、氮、磷等植物营养物质。

　　无机有毒物：重金属、砷、氰化物、氟化物等。

　　有机无毒物：碳水化合物、脂肪、蛋白质等。

　　有机有毒物：苯酚、多环芳烃、PCB、有机氯农药等。

　　水体中的污染物从环境科学角度可以分为耗氧有机物、重金属、营养物质、有毒有机污染物、酸碱及一般无机盐类、病原微生物、放射性物质、热污染等。

　　（1）耗氧有机物

　　生活污水、牲畜饲料及污水和造纸、制革、奶制品等工业废水中含有大量的碳水化合物、蛋白质、脂肪、木质素等有机物，他们属于无毒有机物。但是如果不经处理直接排入自然水体中，经过微生物的生化作用，最终分解为二氧化碳和水等简单的无机物。在有机物的微生物降解过程中，会消耗水体中大量的溶解氧，水中溶解氧浓度下降。当水中的溶解氧被耗尽时，会导致水体中的鱼类及他需氧生物因缺氧而死亡，同时在水中厌氧微生物的作用下，会产生有害的物质如甲烷、氨和硫化氢等，使水体发臭变黑。

　　一般采用下面几个参数来表示有机物的相对浓度：

　　生物化学需氧量（BOD）：指水中有机物经微生物分解所需的氧量，用BOD来表示，其测定结果用 mg/LO_2 表示。因为微生物的活动与温度有关，一般以 20℃作为测定的标准温度。当温度 20℃时，一般生活污水的有机物需要 20 天左右才能基本完成氧化分解过程，但这在实际工作中是有困难的，通常都以 5 天作为测定生化需氧量的标准时间，简称 5 日生化需氧量，用 BOD_5 来表示。

化学需氧量（COD）：指用化学氧化剂氧水中的还原性物质，消耗的氧化剂的量折换成氧当量（mg/L），用 COD 表示。COD 越高，表示污水中还原性有机物越多。

总需氧量（TOD）：指在高温下燃烧有机物所耗去的氧量（mg/L），用 TOD 表示一般用仪器测定，可在几分钟内完成。

总有机碳（TOC）：用 TOC 表示。通常是将水样在高温下燃烧，使有机碳氧化成 CO_2，然后测量所产生的 CO_2 的量，进而计算污水中有机碳的数量。一般也用仪器测定，速度很快。

(2) 重金属污染物

矿石与水体的相互作用以及采矿、冶炼、电镀等工业废水的泄漏会使得水体中有一定量的重金属物质，如汞、铅、铜、锌、镉等。这些重金属物质在水中达到很低的浓度便会产生危害，这是由于它们在水体中不能被微生物降解，而只能发生各种形态相互转化和迁移。重金属物质除被悬浮物带走外，会由于沉淀作用和吸附作用而富集于水体的底泥中，成为长期的次生污染源；同时，水中氯离子、硫酸离子、氢氧离子、腐殖质等无机和有机配位体会与其生成络合物或螯合物，导致重金属有更大的水溶解度而从底泥中重新释放出来。人类如果长期饮用重金属污染的水、农作物、鱼类、贝类，有害重金属为人体所摄取，积累于体内，对身体健康产生不良影响，致病甚至危害生命。例如，金属汞中毒所引起的水俣病，1956 年，日本一家氮肥公司排放的废水中含有汞，这些废水排入海湾后经过生物的转化，形成甲基汞，经过海水底泥和鱼类的富集，又经过食物链使人中毒，中毒后产生发疯痉挛症状。人长期饮用被镉污染的河水或者食用含镉河水浇灌生产的稻谷，就会得"骨痛病"。病人骨骼严重畸形、剧痛，身长缩短，骨脆易折。

(3) 植物营养物质

营养性污染物是指水体中含有的可被水体中微型藻类吸收利用并可能

造成水体中藻类大量繁殖的植物营养元素，通常是指含有氮元素和磷元素的化合物。

（4）有毒有机物

有毒有机污染物指酚、多环芳烃和各种人工合成的并具有积累性生物毒性的物质，如多氯农药、有机氯化物等持久性有机毒物，以及石油类污染物质等。

（5）酸碱及一般无机盐类

这类污染物主要是使水体 pH 值发生变化，抑制细菌及微生物的生长，降低水体自净能力。同时，增加水中无机盐类和水的硬度，给工业和生活用水带来不利因素，也会引起土壤盐渍化。

酸性物质主要来自酸雨和工厂酸洗水、硫酸、粘胶纤维、酸法造纸厂等产生的酸性工业废水。碱性物质主要来自造纸、化纤、炼油、皮革等工业废水。酸碱污染不仅可腐蚀船舶和水上构筑物，而且改变水生生物的生活条件，影响水的用途，增加工业用水处理费用等。含盐的水在公共用水及配水管留下水垢，增加水流的阻力和降低水管的过水能力。硬水将影响纺织工业的染色、啤酒酿造及食品罐头产品的质量。碳酸盐硬度容易产生锅垢，因而降低锅炉效率。酸性和碱性物质会影响水处理过程中絮体的形成，降低水处理效果。长期灌溉 pH>9 的水，会使蔬菜死亡。可见水体中的酸性、碱性以及盐类含量过高会给人类的生产和生活带来危害。但水体中盐类是人体不可缺少的成分，对于维持细胞的渗透压和调节人体的活动起到重要意义，同时，适量的盐类亦会改善水体的口感。

（6）病原微生物污染物

病原微生物污染物主要是指病毒、病菌、寄生虫等，主要来源于制革厂、生物制品厂、洗毛厂、屠宰厂、医疗单位及城市生活污水等。危害主要表现为传播疾病：病菌可引起痢疾、伤寒、霍乱等；病毒可引起病毒性肝炎、小儿麻痹等；寄生虫可引起血吸虫病，钩端螺旋体病等。

（7）放射性污染物

放射性污染物是指由于人类活动排放的放射性物质。随着核能、核素在诸多领域中的应用，放射性废物的排放量在不断增加，已对环境和人类构成严重威胁。

自然界中本身就存在着微量的放射性物质。天然放射性核素分为两大类：一类由宇宙射线的粒子与大气中的物质相互作用产生；另一类是地球在形成过程中存在的核素及其衰变产物，如238U（铀）、40K（钾）、87Rb（铷）等。天然放射性物质在自然界中分布很广，存在于矿石、土壤、天然水、大气及动植物所有组织中。目前已经确定并已做出鉴定的天然放射性物质已超过40种。一般认为，天然放射性本底基本上不会影响人体和动物的健康。

人为放射性物质主要来源于核试验、核爆炸的沉降物，核工业放射性核素废物的排放，医疗、机械、科研等单位在应用放性同位素时排放的含放射性物质的粉尘、废水和废弃物，以及意外事故造成的环境污等。人们对于放射性的危害既熟悉又陌生，它通常是与威力无比的原子弹、氢弹的爆炸关联在一起的，随着全世界和平利用核能呼声的高涨，核武器的禁止使用，核试验已大大减少，人们似乎已经远离放射性危害。然而近年来，随着放射性同位素及射线装置在工农业、医疗、科研等各个领域的广泛应用，放射线危害的可能性却在增大。

环境放射性污染物通过牧草、饲草和饮水等途径进入家禽体内，并蓄积于组织器官中。放射性物质能够直接或者间接地破坏机体内某些大分子如脱氧核糖核酸、核糖核酸蛋白质分子及一些重要的酶结构。结果使这些分子的共价键断裂，也可能将它们打成碎片。放射性物质辐射还能够产生远期的危害效应，包括辐射致癌、白血病、白内障、寿命缩短等方面的损害以及遗传效应等。

（8）热污染

水体热污染主要来源于工矿企业向江河排放的冷却水，其中以电力工业为主，其次是冶金、化工、石油、造纸、建材和机械等工业。它主要的影响是：使水体中溶解氧减少提高某些有毒物质的毒性，抑制鱼类的繁殖，破坏水生生态环境进而引起水质恶化。

二、水体自净

污染物随污水排入水体后，经过物理、化学与生物的作用，使污染物的浓度降低，受污染的水体部分地或完全地恢复到受污染前的状态，这种现象称为水体自净。

1.水体自净作用

水体自净过程非常复杂，按其机理可分为物理净化作用、化学及物理化学净化作用和生物净化作用。水体的自净过程是三种净化过程的综合，其中以生物净化过程为主。水体的地形和水文条件、水中微生物的种类和数量、水温和溶解氧的浓度、污染物的性质和浓度都会影响水体自净过程。

（1）物理净化作用

水体中的污染物质由于稀释、扩散、挥发、沉淀等物理作用而使水体污染物质浓度降低的过程，其中稀释作用是一项重要的物理净化过程。

（2）化学及物理化学作用

水体中污染物通过氧化、还原、吸附、酸碱中和等反应而使其浓度降低的过程。

（3）生物净化作用

由于水生生物的活动，特别是微生物对有机物的代谢作用，使得污染物的浓度降低的过程。

影响水体自净能力的主要因素有污染物的种类和浓度、溶解氧、水温、流速、流量、水生生物等。当排放至水体中的污染物浓度不高时，水体能够通过水体自净功能使水体的水质部分或者完全恢复到受污染前的状态。但是当排入水体的污染物的量很大时，在没有外界干涉的情况下，有机物的分解会造成水体严重缺氧，形成厌氧条件，在有机物的厌氧分解过程中会产生硫化氢等有毒臭气。水中溶解氧是维持水生生物生存和净化能力的基本条件，往往也是衡量水体自净能力的主要指标。水温影响水中饱和溶解氧浓度和污染物的降解速率。水体的流量、流速等水文水力学条件，直接影响水体的稀释、扩散能力和水体复氧能力。水体中的生物种类和数量与水体自净能力关系密切，同时也反映了水体污染自净的程度和变化趋势。

2.水环境容量

水环境容量指在不影响水的正常用途的情况下，水体所能容纳污染物的最大负荷量，因此又称为水体负荷量或纳污能力。水环境容量是制定地方性、专业性水域排放标准的依据之一，环境管理部门还利用它确定在固定水域到底允许排入多少污染物。水环境容量由两部分组成，一是稀释容量也称差值容量，二是自净容量也称同化容量。稀释容量是由于水的稀释作用所致，水量起决定作用。自净容量是水的各种自净作用综合的去污容量。对于水环境容量，水体的运动特性和污染物的排放方式起决定作用。

第四节　水质模型

一、水质模型的发展

水质模型是根据物理守恒原理，用数学的语言和方法描述参加水循环的水体中水质组分所发生的物理、化学、生物化学和生态学诸方面的变化、内在规律和相互关系的数学模型。它是水环境污染治理、规划决策分析的重要工具。对现有模型的研究是改良其功效、设计新型模型所必需的，为水环境规划治理提供更科学更有效决策的基础，是设计出更完善更能适应复杂水环境预测评价模型的依据。

自1925年建立的第一个研究水体BOD－DO变化规律的Streeter-Phelps水质模型以来，水质模型的研究内容与方法不断改进与完善。在对水体的研究上，从河流、河口到湖泊水库、海湾；在数学模型空间分布特性上，从零维、一维发展到二维、三维；在水质模型的数学特性上，由确定性发展为随机模型；在水质指标上，从比较简单的生物需氧量和溶解氧两个指标发展到复杂多指标模型。

其发展历程可以分为以下三个阶段：

第一阶段（20世纪20年代中期～70年代初期）：是地表水质模型发展的初级阶段，该阶段模型是简单的氧平衡模型，主要集中于对氧平衡的研究，也涉及一些非耗氧物质，属于一种维稳态模型。

第二阶段（20世纪70年代初期～80年代中期）：是地表水质模型的迅速发展阶段，随着对污染水环境行为的深入研究，传统的氧平衡模型已不能满足实际工作的需要，描述同一个污染物由于在水体中存在状态和化学行为的不同而表现出完全不同的环境行为和生态效应的形态模型出现。由于复杂物理、化学和生物过程，释放到环境中的污染物在大气、水、土壤和植被等许多环境介质中进行分配，由污染物引起的可能的环境影响与他们在各种环境单元中的浓度水平和停留时间密切相关，为了综合描述它们之间的相互关系，产生了多介质环境综合生态模型，同时由一维稳态模型发展到多维动态模型，水质模型更接近于实际。

第三阶段（20世纪80年代中期至今）：是水质模型研究的深化、完善与广泛应用阶段，科学家的注意力主要集中在改善模的可靠性和评价能力的研究。该阶段模型的主要特点是考虑水质模型与面源模型的对接，并采用多种新技术方法，如随机数学、模糊数学、人工神经网络、专家系统等。

二、水质模型的分类

自第一个水质数学模型 Streeter—Phelps 模型应用于环境问题的研究以来，已经历了70多年。科学家已研究了各种类型的水体并提出了许多类型的水质模型，用于河流、河口、水库以及湖泊的水质预报和管理。根据其用途、性质以及系统工程的观点，大致有以下几种分类：

1.根据水体类型分类

以管理和规划为目的，水质模型可分为三类，即河流的、河口的（包括潮汐的和非潮汐的）和湖泊（水库）的水质模型。河流的水质模型比较成熟，研究得亦比较深，而且能较真实地描述水质行为，所以用得较普遍。

2.根据水质组分分类

根据水质组分划分，水质模型可以分为单一组分的、耦合的和多重组分的三类。其中 BOD—DO 耦合水质模型是能够比较成功地描述受有机物污染的河流的水质变化。多重组分水质模型比较复杂，它考虑的水质因素比较多，如综合的水生生态模型。

3.根据系统工程观点分类

从系统工程的观点，可以分为稳态和非稳态水质模型。这两类水质模型的不同之处在于水力学条件和排放条件是否随时间变化。不随时间变化的为稳态水质模型，反之为非稳态水质模型。对于这两类模型，科学研究工作者主要研究河流水质模型的边界条件，即在什么条件下水质处于较好的状态。稳态水质模型可用于模拟水质的物理、化学、生物和水力学的过程，而非稳态模型可用于计算径流、暴雨等过程，即描述水质的瞬时变化。

4.根据所描述数学方程解分类

根据所描述的数学方程的解，水质模型有准理论模型和随机水质模型。以宏观的角度来看，准理论模型用于研究湖泊、河流以及河口的水质，这些模型考虑了系统内部的物理、化学、生物过程及流体边界的物质和能量的交换。随机模型来描述河流中物质的行为是非常困难的，因为河流水体中各种变量必须根据可能的分布，而不是它们的平均值或期望值来确定。

5.根据反应动力学性质分类

根据反应动力学性质，水质模型分为纯化反应模型、迁移和反应动力学模型、生态模型，其中生态模型是一个综合的模型它不仅包括化学、生物的过程，而且亦包括水质迁移以及各种水质因素的变化过程。

6.根据模型性质分类

根据模型的性质，可以分为黑箱模型、白箱模型和灰箱模型。黑箱模型由系统的输入直接计算出输出，对污染物在水体中的变化一无所知；白箱模型对系统的过程和变化机制有完全透彻的了解；灰箱模型界于黑箱与白箱之间，目前所建立的水质数学模型基本上都属于灰箱模型。

三、水质模型的应用

水质模型之所以受到科学工作者的高度重视，除了其应用范围广外，还因为在某些情况下它起着重要作用。例如，新建一个工业区，为了评估它产生的污水对受纳水体所产生的影响，用水质模型来进行评价就至关重要，以下将对水质模型的应用进行简要评述。

1.污染物水环境行为的模拟和预测

污染物进入水环境后，由于物理、化学和生物作用的综合效应，其行为的变化是十分复杂的，很难直接认识它们。这就需要用水质模型（水环境数学模型）对污染物水环境的行为进行模拟和预测，以便给出全面而清晰的变化规律及发展趋势。用模型的方法进行模拟和预测，既经济又省时，是水环境质量管理科学决策的有效手段。但由于模型本身的局限性，以及对污染物水环境行为认识的不确定性，计算结果与实际测量之间往往有较大的误差，所以模型的模拟和预测只是给出了相对变化值及其趋势。对于这一点，水质管理决策者们应特别注意。

2.水质管理规划

水质规划是环境工程与系统工程相结合的产物，它的核心部分是水环境数学模型。确定允许排放量等水质规划，常用的是氧平衡类型的数学模型。求解污染物去除率的最佳组合，关键是目标函数的线性化。而流域的水质规划是区域范围的水资源管理，是一个动态过程，必须考虑3个方面的问题：首先，水资源利用利益之间的矛盾；其次，水文随机现象使天然系统动态行为(生活、工业、灌溉、废水处置、自然保护)预测的复杂化；最后，技术、社会和经济的约束。为了解决这些问题，可将一般水环境数学模型与最优化模型相结合，形成所谓的水质管理模型。目前，水质管理模型已有很成功的应用。

3.水质评价

水质评价是水质规划的基本程序。根据不同的目标，水质模型可用来对河流、湖泊(水库)、河口、海洋和地下水等水环境的质量进行评价。现在的水质评价不仅给出水体对各种不同使用功能的质量，而且还会给出水环境对污染物的同化能力以及污染物在水环境浓度和总量的时空分布。水污染评价已由点源污染转向非点源污染，这就需要用农业非点源污染评价模型来评价水环境中营养物质和沉积物以及其他污染物。如利用贝叶斯概念(Bayesian Concepts)和组合神经网络来预测集水流域的径流量。研究的对象也由过去的污染物扩展到现在的有害物质在水环境的积累、迁移和归宿。

4.污染物对水环境及人体的暴露分析

由于许多复杂的物理、化学和生物作用以及迁移过程，在多介质环境中运动的污染物会对人体或其他受体产生潜在的毒性暴露，因此出现了用水质模型进行污染物对水环境即人体的暴露分析(Exposure Analysis)。目前已有许多学者对此展开了研究，但许多研究都是在实验室条件下的模拟，研究对象也比较单一，并且范围也不广泛，如何才能够建立经济有效的针对多种生物体的综合的暴露分析模型，还有待于环境科学工作者们去探索。

5.水质监测网络的设计

水质监测数据是进行水环境研究和科学管理的基础，对于一条河流或一个水系，准确的监测网站设置的原则应当是：在最低限量监测断面和采样点的前提下获得最大限量的具有代表性的水环境质量信息，既经济又合理、省时。对于河流或水系的取样点的最新研究，采用了地理信息系统和模拟的退火算法等来优化选择河流采样点。

第五节　水环境标准

一、水质指标

各种天然水体是工业、农业和生活用水的水源。作为一种资源来说，水质、水量和水能是度量水资源可利用价值的三个重要指标，其中与水环境污染密切相关的则是水质指标。在水的社会循环中，天然水体作为人类生产、生活用水的水源，需要经过一系列的净化处理，满足人类生产、生活用水的相应的水质标准；当水体作为人类社会产生的污水的受纳水体时，为降低对天然水体的污染，排放的污水都需要进行相应的处理，使水质指标达到排放标准。

水质指标是指水中除去水分子外所含杂的种类和数量，它是描述水质状况的一系列指标，可分为物理指标、化学指标、生物指标和放射性指标。有些指标用某一物质的浓度来表示，如溶解氧、铁等；而有些指标则是根据某一类物质的共同特性来间接反映其含量，称为综合指标，如化学需氧量、总需氧量、硬度等。

1.物理指标

（1）水温

水的物理化学性质与水温密切相关。水中的溶解性气体（如氧、二氧化碳等）的溶解度、水中生物和微生物的活动、非离子态、盐度、pH值以及碳酸钙饱和度等都受水温变化的影响。

温度为现场监测项目之一，常用的测量仪器有水温计和颠倒温度计，前者用于地表水、污水等浅层水温的测量，后者用于湖、水库、海洋等深层水温的测量。此外，还有热敏电阻温度计等。

（2）臭

臭是一种感官性指标，是检验原水和处理水质的必测指标之一，可借以判断某些杂质或者有害成分是否存在。水体产生臭的一些有机物和无机物，主要是由于生活污水和工业废水的污染物和天然物质的分解或细菌动的结果。某些物质的浓度只要达到零点几微克/升时即可察觉。然而，很难鉴定臭物质的组成。

臭一般是依靠检查人员的嗅觉进行检测，目前尚无标准单位。臭阈值是指用无臭水将水样稀释至可闻出最低可辨别臭气的浓度时的稀释倍数，如水样最低取 25mL 稀释至 200mL 时，可闻到臭气，其臭阈值为 8。

（3）色度

色度是反映水体外观的指标。纯水为无透明，天然水中存在腐殖酸、泥土、浮游植物、铁和锰等金属离子能够使水体呈现一定的颜色。纺织、印染、造纸、食品、有机合成等工业废水中，常含有大量的染料、生物色素和有色悬浮微粒等，通常是环境水体颜色的主要来源。有色废水排入环境水体后，使天然水体着色，降低水体的透光性，影响水生生物的生长。

水的颜色定义为改变透射可见光光谱组成的光学性质。水中呈色的物质可处于悬浮态、胶体和溶解态，水体的颜色可以真色和表色来描述。真色是指水体中悬浮物质完全移去后水体所呈现的颜色。水质分析中所表示的颜色是指水的真色，即水的色度是对水的真色进行测定的一项水质指标。表色是指有去除悬浮物质时水体所呈现的颜色，包括悬浮态、胶体和溶解态物质所产生的颜色，只能用文字定性描述，如工业废水或受污染的地表水呈现黄色、灰色等，并以稀释倍数法测定颜色的强度。

我国生活饮用水的水质标准规定色度小于 15 度，工业用水对水的色度要求更严格，如染色用水色度小于 5 度，纺织用水色度小于 10～12 度等。水的颜色的测定方法有铂钴标准比色法、稀释倍数法、分光光度法。水的颜色受 pH 值的影响，因此测定时需要注明水样的 pH 值。

（4）浊度

浊度是表现水中悬浮性物质和胶体对光线透过时所发生的阻碍程度，是天然水和饮用水的一个重要水质指标。浊度是由于水含有泥土、粉砂、有机物、无机物、浮游生物和其他微生物等悬浮物和胶体物质所造成的。我国饮用水标准规定浊度不超过 1 度，特殊情况不超过 3 度。测定浊度的方法有分光光度法、目视比浊法、浊度计法。

(5) 残渣

残渣分为总残渣 (总固体)、可滤残渣 (溶解性总固体) 和不可滤残渣 (悬浮物)3 种。它们是表征水中溶解性物质、不溶性物质含量的指标。

残渣在许多方面对水和排出水的水质有不利影响。残渣高的水不适于饮用，高矿化度的水对许多工业用水也不适用。我国饮用水中规定总可滤残渣不得大于 1000mg/L。含有大量不可滤残渣的水，外观上也不能满足洗浴等使用。残渣采用重量法测定，适用于饮用水、地面水、盐水、生活污水和工业废水的测定。

总残渣是将混合均匀的水样，在称至恒重的蒸发皿中置于水浴上，蒸干并于 103 ~ 105℃烘干至恒重的残留物质，它是可滤残渣和不可滤残渣的总和。可滤残渣 (可溶性固体) 指过滤后的滤液于蒸发皿中蒸发，并在 103 ~ 105℃或 180 ± 2℃烘干至恒重的固体包括 103 ~ 105℃烘干的可滤残渣和 180℃烘干的可滤残渣两种。不可滤残渣又称悬浮物不可滤残渣含量一般可表示废水污染的程度。将充分混合均匀的水样过滤后，截留在标准玻璃纤维滤膜 (0.45μm) 上的物质，在 103 ~ 105℃烘干至恒重。如果悬浮物堵塞滤膜并难于过滤，不可滤残渣可由总残渣与可滤残渣之差计算。

(6) 电导率

电导率是表示水溶液传导电流的能力。因为电导率与溶液中离子含量大致呈比例地变化，电导率的测定可以间接地推测离解物总浓度。电导率用电导率仪测定，通常用于检验蒸馏水、去离子水或高纯水的纯度、监测水质受污染情况以及用于锅炉水和纯水制备中的自动控制等。

2.化学指标

(1) pH 值

pH 值是水体中氢离子活度的负对数。pH 值是最常用的水质指标之一。由于 pH 值受水温影响而变化，测定时应在规定的温度下进行，或者校正温度。通常采用玻璃电极法和比色法测定 pH 值。天然水的 pH 值多在 6 ~ 9 范围内，这也是我国污水排放标准中的 pH 值控制范围。饮用水的 pH 值规定在 6.5 ~ 8.5 范围内，锅炉用水的 pH 值要求大于 7。

(2) 酸度和碱度

酸度和碱度是水质综合性特征指标之一，水中酸度和碱度的测定在评价水环境中污染物质的迁移转化规律和研究水体的缓冲容量等方面有重要的意义。

水体的酸度是水中给出质子物质的总量，水的碱度是水中接受质子物质的总量。只有当水样中的化学成分已知时，它才被解释为具体的物质。酸度和碱度均采用酸碱指示剂滴定法或电位滴定法测定。

地表水中由于溶入二氧化碳或由于机械、选矿、电镀、农药、印染、化工等行业排放的含酸废水的进入，致使水体的 pH 值降低。由于酸的腐蚀性，破坏了鱼类及其他水生生物和农作物的正常生存条件，造成鱼类及农作物等死亡。含酸废水可腐蚀管道，破坏建筑物。因此，酸度是衡量水体变化的一项重要指标。

水体碱度的来源较多，地表水的碱度主要由碳酸盐和重碳酸盐以及氢氧化物组成，所以总碱度被当作这些成分浓度的总和。当中含有硼酸盐、磷酸盐或硅酸盐等时，则总碱度的测定值也包含它们所起的作用。废水及其他复杂体系的水体中，还含有有机碱类、金属水解性盐等，均为碱度组成部分。有些情况下，碱度就成为一种水体的综合性指标代表能被强酸滴定物质的总和。

（3）硬度

总硬度指水体中 Ca^{2+}、Mg^{2+} 离子的总量。水的硬度分为碳酸盐硬度和非碳酸盐硬度两类，总硬度即为二者之和。碳酸盐硬度也称暂时硬度。钙、镁以碳酸盐和重碳酸盐的形式存在，一般通过加热煮沸生成沉淀除去。非碳酸盐硬度也称永久硬度。钙、镁以硫酸盐、氯化物或硝酸盐的形式存在时，该硬度不能用加热的方法除去，只能采用蒸馏、离子交换等方法处理，才能使其软化。

水中硬度的测定是一项重要的水质分析指标，与日常生活和工业生产的关系十分密切。如长期饮用硬度过大的水会影响人们的身体健康，甚至引发各种疾病；含有硬度的水洗衣服会造成肥皂浪费，锅炉若长期使用高硬度的水，会形成水垢，既浪费燃料还可能引起锅炉爆炸等。因此对各种用途的水的硬度作了规定，如饮用水的硬度规定不大于450mg/L（以 $CaCO_3$ 计）。

硬度的单位除以 mg/L（以 $CaCO_3$ 计）表示以外，还常用 mmol/L、德国度、法国度表示。它们之间的关系是：

1mmol/L 硬度 =100. 1mgCaCO$_3$/L=5. 61 德国度 =10 法国度

1 德国度 =10mgCaO/L

1 法国度 =10mgCaCO$_3$/L

我国和世界其他许多国家习惯采用的是德国度，简称度。

（4）总含盐量

总含量盐又称矿化度，表示水中全部阴离子总量，是农田灌溉用水适用性评价的主要指标之一。一般只用于天然水的测定，常用的测定方法为重量法。

（5）有机污染物综合指标

因为水中的有机物质种类繁多、组成复杂、分子量范围大、环境中的含量较低，所以分别测定比较困难。常用综合指标来间接测定水中的有机物总量。有机污染物综合指标主要有高锰酸盐指数、化学需氧量（COD）、生物化学需氧量（BOD）、总有机碳（TOC）、总需氧量（TOD）和氯仿萃取物等。这些综合指标可作为水中有机物总量的水质指标在水质分析中有着重要意义。

3.生物指标

水中微生物学指标主要有细菌总数、总肠菌群、游离性余氯等。

（1）细菌总数

细菌总数是指 1mL 水样在营养琼脂培养基中，37℃培养 24h 后生长出来的细菌菌落总数。主要作为判断生活饮用水、水源水、地表水等的污染程度。我国规定生活饮用水中细菌总数 ≤ 100CFU/mL。

（2）总大肠菌群

大肠菌群是指那些能在 37℃、48h 内发酵乳糖产酸产气的、兼性厌氧、无芽孢的革兰氏阴性菌。总大肠菌群的测定方法有多管发酵法和滤膜法。水中存在病原菌的可能性很小，其他各种细菌的种类却很多，要排除一切细菌而单独直接检出某种病原菌来，在培养技术上较为复杂，需要较多的人力和较长的时间。大肠菌群作为肠道正常菌的代表其在水中的存活时间和对氯的抵抗力与肠道致病菌相似，将其作为间接指标判断水体受粪便污染的程度。我国饮用水中规定大肠菌群不得检出。

（3）游离性余氯

游离性余氯是指饮用水氯消毒后剩余的游离性有效氯。饮用水消毒后为保证对水有持续消毒的效果，我国规定出厂水中的限值为4mg/L，集中式给水厂出水游离性余氯不得低于0.3mg/L，管网末梢水不低于0.05mg/L。

4.放射性指标

水中放射性物质主要来源于天然放射性核素和人工放射性核素。放射性物质在核衰变过程中会放射出 α 和 β 射线，而这些放射线对人体都是有害的。放射性物质除引起体外照射外，还可以通过呼吸道吸入、消化道摄入、皮肤或黏膜侵入等不同途径进入人体并在体内蓄积，导致放射性损伤、病变甚至死亡。我国饮用水规定总 α 放射性强度不得大于0.5Bq/L，总 β 放射性强度不得大于1Bq/L。

二、水质标准

水质标准是由国家或地方政府对水中污染物或其他物质的最大容许浓度或最小容许浓度所作的规定，是对各种水质指标作出的定量规范。水质标准实际上是水的物理、化学和生物学的质量标准，为保障人类健康的最基本卫生分为水环境质量标准、污水排放标准、饮用水水质标准、工业用水水质标准。

1.水环境质量标准

目前，我国颁布并正在执行的水环境质量标准有《地表水环境质量标准》（GB3838—2002）、《海水水质标准》（GB3097—1997）、《地下水质量标准》（GB/T1484893）等。

《地表水环境质量标准》（GB3838—202）将标准项目分为地表水环境质量标准项目、集中式生活饮用水地表水源地补充项目和集中式生活饮用水地表水源地特定项目。地表水环境质量标准基本项目适用于全国江河、湖泊、运河、渠道、水库等具有使用功能的地表水水域；集中式生活饮用水地表水源地补充项目和特定项目适用于集中式生活饮用水地表水源地一级保护区和二级保护区。《地表水环境质量标准》（GB3838—2002）依据地表水水域环境功能和保护目标，按功能高低依次划分为5类。

Ⅰ类：主要适用于源头水、国家自然保护区。

Ⅱ类：主要适用于集中式生活饮用水地表水源地一级保护区、珍稀水生生物栖息地、鱼虾类产场、仔稚幼鱼的索饵场等。

Ⅲ类：主要适用于集中式生活饮用水地表水源地二级保护区、鱼虾类越冬场、洄游通道、水产养殖区等渔业水域及游泳区。

Ⅳ类：主要适用于一般工业用水区及人体非直接接触的娱乐用水区。

Ⅴ类：主要适用于农业用水区及一般景观要求水域。

对应地表水上述 5 类水域功能，将地表水环境质量标准基本项目标准值分为 5 类，不同功能类别分别执行相应类别的标准值。水域功能类别高的标准值严于水域功能类别低的标准值。同一水域兼有多类使用功能的，执行最高功能类别对应的标准值。

《海水水质标准》（GB3097—1997）规定了海域各类使用功能的水质要求。该标准按照海域的不同使用功能和保护目标，海水水质分为四类。

Ⅰ类：适用于海洋渔业水域，海上自然保护区和珍稀濒危海洋生物保护区。

Ⅱ类：适用于水产养殖区、海水浴场、人体直接接触海水的海上运动或娱乐区，以及与人类食用直接有关的工业用水区。

Ⅲ类：适用于一般工业用水、海滨风景旅游区。

Ⅳ类：适用于海洋港口水域、海洋开发作业区。

《地下水质量标准》（GB/T14848—93）适用于一般地下水，不适用于地下热水、矿水、盐卤水。根据我国地下水水质现状、人体健康基准值及地下水质量保护目标，并参照了生活饮用水、工业用水水质要求，将地下水质量划分为五类。

Ⅰ类：主要反映地下水化学组分的天然低背景含量，适用于各种用途。

Ⅱ类：主要反映地下水化学组分的天然背景含量，适用于各种用途。

Ⅲ类：以人体健康基准值为依据，主要适用于集中式生活饮用水水源及工农业用水。

Ⅳ类：以农业和工业用水要求为依据，除适用于农业和部分工业用水外，适当处理后可作生活饮用水。

Ⅴ类：不宜饮用，其他用水可根据使用目的选用。

2.污水排放标准

为了控制水体污染，保护江河、湖泊、运河、渠道、水库和海洋等地面水以及地下水水质的良好状态，保障人体健康，维护生态环境平衡，国家颁布了《污水综合排放标准》(GB89781996)和《城镇污水处理厂污染物排放标准》(GB18918—2002)等《污水综合排放标准》(GB8978—19)根据受纳水体的不同划分为三级标准。排入 GB3838 中Ⅲ类水域（划定的保护区和游泳区除外）和排入 GB3097 中的 Ⅱ类海域执行一类标准；排入 GB3838 中Ⅳ、Ⅴ类水和排入 GB3097 中的Ⅲ类海域执行二级标准；排入设置二级污水处理厂的城镇排水系统的污水执行三级标准。排入未设置二级污水处理厂的城镇排水系统的污水，必须根据排水系统出水受纳水域的功能要求，执行上述相应的规定。GB3838 中Ⅰ、Ⅱ类水域和Ⅲ类水域中划定的保护区，GB3097 中Ⅰ类海域，禁止新建排污口，现有排污口应按水体功能要，实行污染物总量控制，以保证受纳水体水质符合规定用途的水质标准。同时该标准将污染物按照其性质及控制方式分为两类，第一类污染物不分行业和污水排放方式，也不分受纳水体的功能类别，一律在车间或车间处理设施排放口采样，最高允许浓度必须达到该标准要求；第二类污染物在排污单位排放口采样其最高允许排放浓度必须达到本标准要求。

《城镇污水处理厂污染物排放标准》(B18918—2002)规定了城镇污水处理厂出水废气排放和污泥处置（控制）的污染物限值，适用于城镇污水处理厂出水、废气排放和污泥处置（控制）的管理。该标准根据污染物的来源及性质，将污染物控制项目分为基本控制项目和选择控制项目两类。根据城镇污水处理厂排入地表水域环境功能和保护目标，以及污水处理厂的处理工艺，将基本控制项目的常规污染物标准值分为一级标准、二级标准、三级标准。一级标准分为 A 标准和 B 标准。一类重金属污染物和选择控制项目不分级。

3.生活饮用水水质标准

《生活饮用水卫生标准》(GB5749—2006)规定了生活饮用水水质卫生要求、生活饮用水水源水质卫生要求、集中式供水单位卫生要求、二次供水卫生要求、涉及生活饮用水卫生安全产品卫生要求、水质监测和水质检验方法。

该标准主要从以下几方面考虑保证饮用水的水质安全：生活饮用水中

不得含有病原微生物；饮用水中化学物质不得危害人体健康；饮用水中放射性物质不得危害人体健康；饮用水的感官性状良好；饮用水应经消毒处理；水质应该符合生活饮用水水质常规指标及非常规指标的卫生要求。该标准项目共计106项，其中感官性状指标和一般化学指标20项，饮用水消毒剂4项，毒理学指标74项，微生物指标6项，放射性指标2项。

4.农业用水与渔业用水

农业用水主要是灌溉用水，要求在农田灌溉后，水中各种盐类被植物吸收后，不会因食用中毒或引起其他影响，并且其含盐量不得过多，否则会导致土壤盐碱化。渔业用水除保证鱼类的正常生存、繁殖以外，还要防止有毒有害物质通过食物链在水体内积累、转化而导致食用者中毒。相应地，国家制定颁布了《农田灌溉水质标准》(GB5084—2005)和《渔业水质标准》(GB11607—1989)。

《农田灌溉水质标准》(GB5084—2005)适用于以地表水、地下水和处理后的养殖业废水以及农产品为原料加工的工业废水作为水源的农田灌溉用水。

《渔业水质标准》(GB11607—1989)适用于鱼虾类的产卵场、索饵场、越冬场、洄游通道和水产增养殖区等海、淡水的渔业水域。

第六节　水质监测与评价

水质是指水与其中所含杂质共同表现出来的物理、化学和生物学的综合特性。水质是水环境要素之一，其物理指标主要包括：温度、色度、浊度、透明度、悬浮物、电导率、嗅和味等；化学指标主要包括pH值、溶解氧、溶解性固体、灼烧残渣、化学耗氧量、生化需氧量、游离氯、酸度、碱度、硬度、钾、钠、钙、镁、二价和三价铁、锰、铝、氯化物、硫酸根、磷酸根、氟、碘、氨、硝酸根、亚硝酸根、游离二氧化碳、碳酸根、重碳酸根、侵蚀性二氧化碳、二氧化硅、表面活性物质、硫化氢、重金属离子（如铜、铅、锌镉、汞、铬）等；生物指标主要指浮游生物、底栖生物和微生物（如大肠杆菌和细菌）等。根据水的用途及科学管理的要求，可将水质指标进行分类。例如，饮用水的水质指标可分为微生物指标、毒理指标、感观性状和一般化学指标、放射性指标；为了进行水污染防治，可将水质指标分为易降解有机污染物、难降解有机污染物、悬浮固体及漂浮固体物、可溶性盐类、重金属污染物、病原微生物、热污染、放射性污染等指标。分析研究各类水质指标在水体中的数量、比例、相互作用、迁移、转化、地理分布、历年变化以及同社会经济、生态平衡等的关系，是开发、利用和保护水资源的基础。

为了保护各类水体免受污染危害或治理已受污染的水体环境，首先必须了解需要研究的水体的各项物理、化学及生物特性，污染现状和污染来源。水体污染调查与监测就是采用一定的途径和方法，调查和量测水体中污染物的浓度和总量，研究其分布规律、研究对水体的污染过程及其变化规律。对各种来水（包括支流和排入水体的各类废水）进行监测，并调查各种污染物质的来源。及时、准确地掌握水体环境质量的现状和发展趋势，为开展水体环境的质量评价、预测预报、管理与规划等工作提供可靠的科学资料。这是我们进行水体污染调查与监测的基本目的。显然，这对于保障人民健康和促进我国现代化建设的发展具有重要意义。

一、水质监测

水质监测是为了掌握水体质量动态，对水质参数进行的测定和分析。作为水源保护的项重要内容是对各种水体的水质情况进行监测，定期采样分析有毒物质含量和动态，包括水温、pH 值、COD、溶解氧、氨氮、酚、砷、汞、铬、总硬度、氟化物、氯化物、细菌、大肠菌群等。依监测目的可分为常规监测和专门监测两类。

常规监测是为了判别、评价水体环境质量，掌握水体质量变化规律，预测发展趋势和积累本底值资料等，需对水体水质进行定点、定时的监测。常规监测是水质监测的主体，具有长期性和连续性。专门监测：为某一特定研究服务的监测。通常，监测项目与影响水质因素同时观察，需要周密设计，合理安排，多学科协作。

水质监测的主要内容有水环境监测站网布设、水样的采集与保存、确定监测项目、选用分析方法及水质分析、数据处理与资料整理等。

(一) 水环境监测站网的布设

建立水环境监测站网应具有代表性、完整。站点密度要适宜，以能全面控制水系水质基本状况为原则，并应与投入的人力、财力相适应。

1.水质监测站及分类

水质监测站是进行水环境监测采样和现场测定以及定期收集和提供水质、水量等水环境资料的基本单元，可由一个或者多个采样断面或采样点组成。

水质监测站根据设置的目的和作用分为基本站和专用站。基本站是为水资源开发利用与保护提供水质、水量基本资料，并与水文站、雨量站、地下水水位观测井等统一规划设置的站。基本站长期掌握水系水质的历年变化，搜集和积累水质基本资料而设立的，其测定项目和次数均较多。专用站是为某种专门用途而设置的，其监测项目和次数根据站的用途和要求而确定。

水质监测站根据运行方式可分为：固定监测站、流动监测站和自动监测站。固定监测站是利用桥、船、缆道或其他工具，在固定的位置上采样。流动监测站是利用装载检测仪器的车、船或飞行工具，进行移动式监测，搜集固定监测站以外的有关资料，以弥补固定监测站的不足。自动监测站主要设置在重要供水水源地或重要打破常规地点，依据管理标准，进行连续自动监测，以控制供水、用水或排污的水质。

水质监测站根据水体类型可分为地表水水质监测站、地下水水质监测站和大气降水水质监测站。地表水水质监测站是以地表水为监测对象的水质监测站。地表水水质监测站可分为河流水质监测站和湖泊 (水库) 水质监测站。地下水水质监测站是以地下水为监测对象的水质监测站。大气降水水质监测是以大气降水为监测对象的水质监测站。

2.水质监测站的布设

水质监测站的布设关系着水质监测工作的成败。水质在空间上和时间上的分布是不均匀的，具有时空性。水质监测站的布设是在区域的不同位置布设各种监测站，控制水质在区域的变化。在一定范围内布设的测站数量越多，则越能反映水体的质量状况，但需要较高的经济代价；测站数量越少，则经济上越节约，但不能正确地反映水体的质量状况。所以，布设的测站数量既要能正确地反映水体的质量状况，又要满足经济性。

在设置水质监测站前，应调查并收集本地区有关基本资料，如水质、水量、地质、地理、工业、城市规划布局，主要污染源与入河排污口以及水利工程和水产等资料，用作设置具有代表性水质监测站的依据。

（1）地表水水质监测站的布设

1）河流水质监测站的布设。背景水质应该布设于河流的上游河段，受人类活动的影响较小。干支流的水质站一般设在下列水域、区域：干流控制河段，包括主要一、二级支流汇入处、重要水源地和主要退水区；大中城市河段或主要城市河段和工矿企业集中区；已建或即将兴建大型水利设施河段、大型灌区或引水工程渠首处；入海河口水域；不同水文地质或植被区、土壤盐碱化区、地方病发病区、地球化学异常区、总矿化度或总硬度变化率超过50%的地区。

2）湖泊（水库）水质监测站的布设。湖泊（水库）水质监测站应设在下列水域：面积大于100km^{2}的湖泊；梯级水库和库容大于1亿m^{3}的水库；具有重要供水、水产养殖旅游等功能或污染严重的湖泊（水库）；重要国际河流、湖泊，流入、流出行政区界的主要河流、湖泊（水库），以及水环境敏感水域，应布设界河（湖、库）水质站。

（2）地下水水质监测到站的布设

地下水水质监测站的布设应根据本地区水文地质条件及污染源分布状况，与地下水水位观测井结合起来进行设置。

地下水类型不同的区域、地下水开采度不同的区域应分别设置水质监测站。

（3）降水水质监测站的布设

应根据水文气象、风向、地形、地貌及城市大气污染源分布状况等，与现有雨量观测站相结合设置。下列区域应设置降水水质监测站：不同水文气象条件、不同地形与地貌区；大型城市区与工业集中区；大型水库、湖泊区。

3.水环境监测站网

水环境监测站网是按一定的目的与要求，由适量的各类水质监测站组成的水环境监测网络。水环境监测站网可分为地表水、地下水和大气降水三种基本类型。根据监测目的或服务对象的不同，各类水质监测站可成不同类型的专业监测网或专用监测网。水环境监测站网规划应遵循以下原则：

以流域为单元进行统一规划，与水文站网、地下水水位观测井网、雨量观测站网相结合；各行政区站网规划应与流域站网规划相结合。各省、市、自治区环境站网规划应不断进行优化调整，力求做到多用途、多功能，具有较强的代表性。目前，我国地表水的监测主要由水利和环保部门承担。

(二) 水样的采集与保存

水样的代表性关系着水质监测结果的正确性。采样位置、时间、频率、方法及保存等都影响着水质监测的结果。我国水利部门规定：基本测站至少每月采样一次；湖泊 (水库) 一般每两个月采样一次；污染严重的水体，每年应采样 8 ~ 12 次；底泥和水生生物，每年在枯水期采样一次。

水样采集后，由于环境的改变、微生物及化学作用，水样水质会受到不同程度的影响，所以，应尽快进行分析测定，以免在存放过程中引起较大的水质变化。有的监测项目要在采样现场采用相应方法立即测定，如水温、pH 值、溶解氧、电导率、透明度、色嗅及感官性状等。有的监测项目不能很快测定，需要保存一段时间。水样保存的期限取决于水样的性质、测定要求和保存条件。未采取任何保存措施的水样，允许存放的时间分别为：清洁水样 72h；轻度污染的水样 48h；严重污染的水样 12h。为了最大限度地减少水样水质的变化，须采取正确有效的保存措施。

(三) 监测项目和分析方法

水质监测项目包括反映水质状况的各项物理指标、化学指标、微生物指标等。选测项目过多可造成人力、物力的浪费，过少则不能正确反映水体水质状况。所以，必须合理地确定监测项目，使之能正确地反映水质状况。确定监测项目时要根据被测水体和监测目的综合考虑。通常按以下原则确定监测项目。

(1) 国家与行业水环境与水资源质量标准或评价标准中已列入的监测项目。

(2) 国家及行业正式颁布的标准分析方法中列入的监测项目。

（3）反映本地区水体中主要污染物的监测项目。

（4）专用站应依据监测目的选择监测项目。

水质分析的基本方法有化学分析法（滴定分析、重量分析等）、仪器分析法（光学分析法、色谱分析法、电化学分析法等），分析方法的选用应根据样品类型、污染物含量以及方法适用范围等确定。分析方法的选择应符合以下原则：

（1）国家或行业标准分析方法。

（2）等效或者参照适用 ISO 分析方法或其他国际公认的分析方法。

（3）经过验证的新方法，其精密度、灵敏度和准确度不得低于常规方法。

（四）数据处理与资料整理

水质监测所测得的化学、物理以及生物学的监测数据，是描述和评价水环境质量，进行环境管理的基本依据，必须进行科学的计算和处理，并按照要求的形式在监测报告中表达出来。水质资料的整编包括两个阶段：一是资料的初步整编；二是水质资料的复审汇编。习惯上称前者为整编，后者为汇编。

1.水质资料整编

水质资料整编工作是以基层水环境监测中心为单位进行的，是对水质资料的初步整理，是整编全过程中最主要最基础的工作，它的工作内容有搜集原始资料（包括监测任务书、采样记录、送样单至最终监测报告及有关说明等一切原始记录资料）、审核原始资料编制有关整编图表（水质监测站监测情况说明表及位置图、监测成果表、监测成果特征值年统计表）。

2.水质资料汇编

水质资料汇编工作一般以流域为单位，是流域水环境监测中心对所辖区内基层水环境监测中心已整编的水质资料的进一步复查审核。它的工作内容有抽样、资料合理性检查及审核、编制汇编图表。汇编成果一般包括的内容有资料索引表、编制说明、水质监测站及监测断面一览表、水质监测站及监测断面分布图、水质监测站监测情况说明表及位置图、监测成果表、监测成果特征值年统计表。

经过整编和汇编的水质资料可以用纸质、磁盘和光盘保存起来，如水质监测年鉴、水环境监测报告、水质监测数据库、水质检测档案库等。

二、水质评价

水质评价是水环境质量评价的简称，是根据水的不同用途，选定评价参数，按照一定的质量标准和评价方法，对水体质量定性或定量评定的过程。目的在于准确地反映水质的情况，指出发展趋势，为水资源的规划、管理、开发、利用和污染防治提供依据。

水质评价是环境质量评价的重要组成部分，其内容很广泛，工作目的和研究角度的不同，分类的方法不同。

1.水质评价分类

水质评价分类：水质评价按时间分，有回顾评价、预断评价；按水体用途分，有生活饮用水质评价、渔业水质评价、工业水质评价、农田灌溉水质评价、风景和游览水质评价；按水体类别分，有江河水质评价、湖泊(水库)水质评价、海洋水质评价、地下水水质评价；按评价参数分，有单要素评价和综合评价。

2.水质评价步骤

水质评价步骤一般包括：提出问题、污染源调查及评价、收集资料与水质监测、参数选择和取值、选择评价标准、确定评价内容和方法、编制评价图表和报告书等。

(1) 提出问题

这包括明确评价对象、评价目的、评价范围和评价精度等。

(2) 污染源调查及评价

查明污染物排放地点、形式、数量、种类和排放规律，并在此基础上，结合污染物毒性，确定影响水体质量的主要污染物和主要污染源，作出相应的评价。

(3) 收集资料与水质监测

水质评价要收集和监测足以代表研究水域水体质量的各种数据。将数据整理验证后，用适当方法进行统计计算，以获得各种必要的参数统计特征值。监测数据的准确性和精确度以及统计方法的合理性，是决定评价结果可靠程度的重要因素。

（4）参数选择和取值

水体污染的物质很多，一般可根据评的目的和要求，选择对生物、人类及社会经济危害大的污染物作为主要评价参数。常选用的参数有水温、pH值、化学耗氧量、生化需氧量、悬浮物、氨、氮、酚、氰、汞、砷、铬、铜、镉、铅、氟化物、硫化物、有机氯有机磷、油类、大肠杆菌等。参数一般取算术平均值或几何平均值。水质参数受水文条件和污染源条件影响，具有随机性，故从统计学角度看，参数按概率取值较为合理。

（5）选择评价标准

水质评价标准是进行水质评价的主要依据。根据水体用途和评价目的，选择相应的评价标准。一般地表水评价可选用地表水环境质量标准；海洋评价可选用海洋水质标准；专业用途水体评价可分别选用生活饮用水卫生标准、渔业水质标准、农田灌溉水质标准、工业用水水质标准以及有关流域或地区制定的各类地方水质标准等。地质目前还缺乏统一评价标准，通常可参照清洁区土壤自然含量调查资料或地球化学背景值来拟定。

（6）确定评价内容及方法

评价内容一般包括感观性、氧平衡、化学指标、生物学指标等。评价方法的种类繁多，常用的有：生物学评价法、以化学指标为主的水质指数评价法、模糊数学评价法等。

（7）编制评价图表及报告书

评价图表可以直观反映水体质量好坏。图表的内容可根据评价目的确定，一般包括评价范围图、水系图、污染源分布图、监测断面（或监测点）位置图、污染物含量等值线图、水质、底质、水生物质量评价图、水体质量综合评价图等。图表的绘制一般采用：符号法、定位图法、类型图法、等值线法、网格法等。评价报告书编制内容包括：评价对象、范围、目的和要求，评价程序，环境概况，污染源调查及评价，水体质量评价，评价结论及建议等。

第七节　水资源保护措施

根据美国《科学》杂志日前公布的一份研究结果称，中国近2000万人生活在水源遭到砷污染的高危地区。

早在20世纪60年代，就已知中国一些省份的地下水受到了砷污染。自那以后，受影响人口的数量连年增长。长期接触即使少量的砷也可能引发人体机能严重失调，包括色素沉着、皮肤角化症、肝肾疾病和多种癌症。世界卫生组织指出，每升低于$10\mu g$的砷含量对人体是安全的，在中国某些地区例如内蒙古，水中的砷含量高达$1500\mu g/L$。新疆内蒙古、甘肃、河南和山东等省都有潜的高危地区。中国砷含量可能超过$10g/L$的地区总面积估计在58万km^2左右，近2000万人生活在砷污染高危地区.

砷中毒是国内一种"最严重的地方性疾病"，其慢性不良反应包括癌症、糖尿病和心血管病。我国一直在对水井进行耗时的检测，不过这个过程需要数十年时间才能完成。这也促使相关研究人员制作有效的电脑模型，以便能预测出哪些地区最有可能处于危险当中。

相关研究表明，1470万人所生活的地区水污染水平超出了世界卫生组织建议的$10\mu g/L$，还有大约600万人所生活的地区水污染水平是上述建议值的5倍以上。

根据《中华人民共和国水法》和《中华人民共和国水污染防治法》的相关规定，我国公民有义务按照以下措施对水资源进行保护。

一、加强节约用水管理

依据《中华人民共和国水法》和《中华人民共和国水污染防治法》有关节约用水的规定，从四个方面抓好落实。

(1) 落实建设项目节水"三同时"制度

即新建、扩建、改建的建设项目，应当制订节水措施方案并配套建设节水设施；节水设施与主体工程同时设计、同时施工

同时投产；今后新、改、扩建项目，先向水务部门报送节水措施方案，经审查同意后，项目主管部门才批准建设，项目完工后，对节水设施验收

合格后才能投入使用，否则供水企业不予供水。

（2）大力推广节水工艺，节水设备和节水器具

新建、改建、扩建的工业项目，项目主管部门在批准建设和水行政主管部门批准取水许可时，以生产工艺达到省规定的取水定额要求为标准；对新建居民生活用水、机关事业及商业服务业等用水强制推广使用节水型用水器具，凡不符合要求的，不得投入使用。通过多种方式促进现有非节水型器具改造，对现有居民住宅供水计量设施全部实行户表外移改造，所需资金由地方财政、供水企业和用户承担，对新建居民住宅要严格按照"供水计量设施户外设置"的要求进行建设。

（3）调整农业结构，建设节水型高效农业

推广抗旱、优质农作物品种，推广工程措施、管理措施、农艺措施和生物措施相结合的高效节水农业配套技术，农业用水逐步实行计量管理、总量控制，实行节奖超罚的制度，适时开征农业水资源费，由工程节水向制度节水转变。

（4）启动节水型社会试点建设工作

突出抓好水权分配、定额制定、结构调整、计量监测和制度建设，通过用水制度改革，建立与用水指标控制相适应的水资源管理体制，大力开展节水型社区和节水型企业创建活动。

二、合理开发利用水资源

（1）严格限制自备井的开采和使用

已被划定为深层地下水严重超采区的城市，今后除为解决农村饮水困难确需取水的不再审批开凿新的自备井，市区供水管网覆盖范围内的自备井，限时全部关停；对于公共供水不能满足用户需求的自备井，安装监控设施，实行定额限量开采，适时关停。

（2）贯彻水资源论证制度

国民经济和社会发展规划以及城市总体规划的编制，重大建设项目的布局，应与当地水资源条件相适应，并进行科学论证。项目取水先期进行水资源论证，论证通过后方能由项目主管部门立项。调整产业结构、产品结构和空间布局，切实做到以水定产业，以水定规模，以水定发展，确保

用水安全，以水资源可持续利用支撑经济可持续发展。

(3) 做好水资源优化配置

鼓励使用再生水、微咸水、汛期雨水等非传统水资源；优先利用浅层地下水，控制开采深层地下水，综合采取行政和经济手段，实现水资源优化配置。

三、加大污水处理力度，改善水环境

(1) 根据《入河排污口监督管理办法》的规定，对现有入河排污口进行登记，建立入河排污口管理档案。此后设置入河排污口的，应当在向环境保护行政主管部门报送建设项目环境影响报告书之前，向水行政主管部门提出入河排污口设置申请，水行政主管部门审查同意后，合理设置。

(2) 积极推进城镇居民区、机关事业及商业服务业等再生水设施建设。建筑面积在万平方米以上的居民住宅小区及新建大型文化、教育、宾馆、饭店设施，都必须配套建设再生水利用设施；没有再生水利用设施的在用大型公建工程，也要完善再生水配套设施。

(3) 足额征收污水处理费。各省、市应当根据特定情况，制定并出台《污水处理费征收管理办法》。要加大污水处理费征收力度，为污水处理设施运行提供资金支持。

(4) 加快城市排水管网建设，要按照"先排水管网、后污水处理设施"的建设原则，加快城市排水管网建设。在新建设时，必须建设雨水管网和污水管网，推行雨污分流排水体系；要在城市道路建设改造的同时，对城市排水管网进行雨、污分流改造和完善，提高污水收水率。

四、深化水价改革，建立科学的水价体系

(1) 利用价格杠杆促进节约用水、保护水资源。逐步提高城市供水价格，不仅包括供水合理成本和利润，还要包括户表改造费用、居住区供水管网改造等费用。

(2) 合理确定非传统水源的供水价格。再生水价格以补偿成本和合理收益原则，结合水质、用途等情况，按城市供水价格的一定比例确定。要根据非传统水源的开发利用进展情况，及时制定合理的供水价格。

（3）积极推行"阶梯式水价（含水资源费）"。电力、钢铁、石油、纺织、造纸、啤酒、酒精七个高耗水行业，应当实施"定额用水"和"阶梯式水价（水资源费）"。水价分三级，级差为1：2：10。工业用水的第一级含量，按《省用水定额》确定，第二、三级水量为超出基本水量10（含）和10以上的水量。

五、加强水资源费征管和使用

（1）加大水资源费征收力度。征收水资源费是优化配置水资源、促进节约用水的重要措施。使用自备井（农村生活和农业用水除外）的单位和个人都应当按规定缴纳水资源费（含南水北调基金）。水资源费（含南水北调基金）主要用于水资源管理、节约、保护工作和南水北调工程建设，不得挪作他用。

（2）加强取水的科学管理工作，全面推动水资源远程监控系统建设、智能水表等科技含量高的计量设施安装工作，所有自备井都要安装计量设施，实现水资源计量，收费和管理科学化、现代化、规范化。

六、加强领导，落实责任，保障各项制度落实到位

水资源管理、水价改革和节约用水涉及面广、政策性强、实施难度大，各部门要进一步提高认识，确保责任到位、政策到位。落实建设项目节水措施"三同时"和建设项目水资源论证制度，取水许可和入河排污口审批、污水处理费和水资源费征收、节水工艺和节水器具的推广都需要有法律、法规做保障，对违法、违规行为要依法查处，确保各项制度措施落实到位。要大力做好宣传工作，使人民群众充分认识我国水资源的严峻形势，增强水资源的忧患意识和节约意识，形成"节水光荣，浪费可耻"的良好社会风尚，形成共建节约型社会的合力。

第四章　水灾害及其防护

灾害是能够给人类和人类赖以生存的环境造成破坏性影响的事物的总称。

自然灾害是指由于某种不可控制或未能预料的破坏性因素的作用，对人类生存发展及其所依存的环境造成严重危害的非常事件和现象。

水灾害定义是，世界上普遍和经常发生的一种自然灾害。广义地说水灾害应该指由于水的变化引起的灾害，包括水多——洪灾、水少——旱灾、水脏——水污染。

洪水灾害当洪水威胁到人类安全和影响社会经济活动并造成损失时才能成为洪水灾害。

内涝灾害是指地面积水不能及时排除而形成的灾害，简称涝灾。地下水位过高或耕作层含水过多而影响农作物生长，称渍害。

干旱是指大气运动异常造成长时期、大范围无降水或降水偏少的自然现象。旱灾是指土壤水分不足，不能满足农作物和牧草生长的需要，造成较大的减产或绝产的灾害。水灾害是我国影响最广泛的自然灾害，也是我国经济建设、社会稳定敏感度最大的自然灾害。历史阶段中，我国水灾害发生频繁，1950年淮河上中游大水，干流鲁台子实测洪峰流量12800m³/s，豫东、皖北地区水灾严重。淮河流域成灾农田313万hm²，死亡近千人。海河流域北部和湘、鄂、陕、黔等省局地水灾较重。1951年辽河中下游特大洪水，铁岭站洪峰流量14200m³/s，辽宁、吉林2省33个县市受灾，受灾农田37.6万hm²，死亡3100人。沈山、长大铁路停运47天。鲁北德州、惠民地区同时出现严重涝灾。渭河、第二松花江和拉林河大水，部分沿河地区受淹。1952年七大江河水势平稳。鄂东地区汉江下游、渭河中下游及桂北地区水灾。浙、闽沿海地区大水成灾，40万hm²农田受灾，死800余人。1953年辽河中下游特大洪水，铁岭站实测洪峰流量11800m³/s，27个县市受灾，死亡167人，沈山、长大铁路中断行车59天；松花江流域同时大水，哈尔滨站实测洪峰流量9530m³/s，哈尔滨市郊受淹。海河流域及黄河下游部分地区水灾。近期，1991年本年全国气候异常，西太平洋副热带高压长时间滞留在长江以南，江淮流域入梅早，雨势猛，历时长，淮河发生了自1994年以来的第2位大洪水，3个蓄洪区、14个行洪区先后启用；太湖出现了有实测记录以来的最高水位4.79m，苏、锡、常地区工矿和乡镇企业损失严重；长江支流滁河、澧水和江部分支流及鄂东地区中小河流等相继出现近40余年来最大洪水；松花江干流发生两次大洪水，哈尔滨站最大流量10700m³/s，佳木斯站最大流量15300m³/s，分别为1949年以来第3位和第2位。据统计，全国有28个省、市、自治区不同程度遭受水灾，农田受灾2459.6万hm²，成灾1461.4万hm²，倒房497.9万间，死亡5113人，直接经济损失779.08亿元。其中皖、苏2省灾情最重，合计农田受灾966.5万hm²，成灾672.8万hm²，死亡1163人，倒房349.3万间，直接经济损失484亿元，各占全国总数的39%、46%、23%、70%和62%。1992年七大江河水势平稳。受9216号强热带风暴和天文大潮的作用，8月末9月初，我国东部沿海发生了1949年以来影响范围最广，损失最严重的一次风暴潮灾。闽、浙、沪、苏、鲁、冀、津辽等省市沿海地区出现了历史上罕见的高潮位。据统计，仅闽、浙、苏、鲁、冀、津6省市受灾人口2000多万，毁坏海塘1170km，受灾农田193.3万hm²，死亡193人，直接经济损失90多亿元。闽江发生50年一遇的大洪水，十里庵站洪峰流量27500m³/s，竹岐站洪峰流量30300m³/s。闽江流域遭受较严重水灾。钱塘江上游出现1949年以来第2位大洪水，兰溪站洪峰流量12100m³/s，沿江县市受灾较重。此外，大渡河、湘江、信江漓江及黄河中上游部分地区也发生了较大洪水，造成了较严重的洪涝灾害。1998年中国长江、松花江、西江均发生特大洪水。

第一节 水灾害属性

灾害是一种自然与社会综合体，是自然系统与人类物质文化系统相互作用的产物，具有自然和社会的双重属性。

一、自然属性

地球表层由各种固体、液体和气体组成，形成了岩石圈（土壤圈）、水圈、气圈和生物圈，在地球和天体的作用和影响下，时时刻刻都在不停地运动变化，发生物理、化学、生物变化，并且相互作用和影响，大部分灾害都在这些圈层的物理、化学、生物作用下形成的。水灾害是以气圈、水圈、土壤圈为主发生的灾害，如洪灾、涝灾、旱灾、泥石流等。

水灾害产生的自然因素及其作用机制很复杂，不同的灾害有不同的因素，是多种因素综合作用的产物。

水灾害是相对人类而言的，在人类生存的地区，均有可能发生水灾害，这就是灾害的普遍性。

致灾原因：自然因素占主导地位，从宇宙系统看，太阳、月亮、地球的活动与水灾害都有关，与地球相关的因素包括地形、地势、地质、地理位置、大气运动、植被分布等。

西北太平洋是全球热带气旋发生次数最多的海域，我国不仅地处西北太平洋的西北方，而且地势向海洋倾斜，没有屏障，成为世界上台风袭击次数最多的国家之一。

我国国土辽阔，降水量时空分布极不均匀，在一个地区形成洪涝灾害的同时，在另一地区可能受旱灾的影响。

二、社会属性

人类是生物圈中的主宰，不仅要靠自身，而且还利用整个自然界壮大自身的能量，改变自然界，创造人为世界，人类可以改变自然界的面貌，却无法改变自然界的运行规律。如果人类改造和干预自然界的行为存在盲目性，违反了自然规律，激发了自然界内部的矛盾和自然界同人类的矛盾，将会对人类自身产生危害。

盲目砍伐森林、不合理的筑坝拦水、跨流域调水、引水灌溉、开采地下水等都可能造成负面影响，如造成水土流失、生态环境恶化、河道淤积、地面沉降、海水入侵、河口生态环境恶化。

把国民经济增长、城市发展、人口控制与水土资源的利用协调起来，制定有利于区域水土资源可持续发展的最佳开发模式，无疑是防治水灾害的一项紧迫的任务。

第二节　水灾害类型及其成因

一、水灾害类型

水灾害危害最大、范围最广、持续时间较长。根据不同成因水灾害可以分为洪水、涝渍、风暴潮、灾害性海浪、泥石流、干旱、水生态环境灾害。

（1）洪水

洪水是指暴雨、冰雪急剧融化等自然因素或水库垮坝等人为因素引起的江河湖库水量迅速增加或水位急剧上涨，对人民生命财产造成危害的现象。山洪也是洪水的一类，特指发生在山区溪沟中的快速、强大的地表径流现象，特点是流速快、历时短、暴涨暴落、冲刷力与破坏力强，往往携带大量泥沙。

（2）涝

涝是指过多雨水受地形、地貌、土壤阻滞，造成大量积水和径流，淹没低洼地造成的水灾害。城市内涝是指由于强降水或连续性降水超过城市排水能力致使城市内产生积水灾害的现象。造成内涝的客观原因是降雨强度大，范围集中。降雨特别急的地方可能形成积水，降雨强度比较大、时间比较长也有可能形成积水。

（3）渍

渍是指因地下水水位过高或连续阴雨致使土壤过湿而危害作物生长的灾害。涝渍是我国东部、南部湿润地带最常见的水灾害。涝渍分类：按涝渍灾害发生的季节可以分为春涝、夏涝、秋涝和连季涝。按地形地貌可划分为平原坡地涝、平原洼地涝、水网圩区涝、山区谷地涝、沼泽地涝、城市化地区涝。按我国的实际情况划分为涝渍型、潜渍型、盐渍型、水渍型4种渍害类型。

（4）风暴潮

风暴潮是由台风和温带气旋在近海岸造成的严重海洋灾害。巨浪是指海上波浪高达 6m 以上引起灾害的海浪。对海洋工程、海岸工程、航海、渔业等造成危害。

（5）泥石流

泥石流是山区特有的一种自然地质现象。它是由于降水（暴雨、冰雪融化水）产生在沟谷或山坡上的一种携带大量泥沙、石块巨砾等固体物质的特殊洪流，是高浓度的固体和液体的混合颗粒流，泥石流经常瞬间爆发，突发性强、来势凶猛、具有强大的能量、破坏性极大，是山区最严重的自然灾害。

按物质成分分类：由大量黏性土和粒径不等的砂粒、石块组成的叫泥石流；以黏性土为主，含少量砂粒、石块、黏度大、呈稠泥状的叫泥流；由水和大小不等的砂粒、石块组成的称之水石流。泥石流按流域形态分类：标准型泥石流，为典型的泥石流，流域呈扇形，面积较大，能明显的划分出形成区、流通区和堆积区；河谷型泥石流，流域呈有狭长条形，其形成区多为河流上游的沟谷，固体物质来源较分散，沟谷中有时常年有水，故水源较丰富，流通区与堆积区往往不能明显分出；山坡型泥石流，流域呈斗状，其面积一般小于 $1000m^2$，无明显流通区，形成区与堆积区直接相连。

泥石流按物质状态分成黏性泥石流和性泥石流。黏性泥石流含大量黏性土的泥石流或泥流，其特征是黏性大，固体物质占 40% ~ 60%，最高达 80%，其中的水不是搬运介质，而是组成物质，稠度大，石块呈悬浮状态，暴发突然，持续时间亦短，破坏力大。稀性泥石流以水为主要成分，黏性土含量少，固体物质占 10% ~ 40%，有很大分散性，水为搬运介质，石块以滚动或跃移方式前进，具有强烈的下切作用。

（6）干旱

大气运动异常造成长时期、大范围无水或降水偏少的自然现象。造成天气干旱、土壤缺水、江河断流、禾苗干枯、供水短缺等。干旱可以分为：气象干旱、水文干旱、农业干旱、社会经济干旱。

气象干旱是指由降水与蒸散发收支不平衡造成的异常水分短缺现象。由于降水是主要的收入项，且降水资料最易获得，因此，气象干旱通常主要以降水的短缺程度作为指标的标准。

水文干旱是指由降水与地表水、地下水收支不平衡造成的异常水分短缺现象。因此，水文干旱主要指的是由地表径流和地下水位造成的异常水分短缺现象。

农业干旱是指由于外界环境因素造成作物体内水分失去平衡，发生水分亏缺，影响作物正常生长发育，进而导致减产或失收的一种农业气象灾害。

造成作物缺水的原因很多，按成因不同可将农业干旱分为土壤干旱、生理干旱、大气干旱、社会经济干旱。土壤干旱是指土壤中缺乏植物可吸收利用的水分，根系吸水不能满足植物正常蒸腾和生长发育的需要，严重时，土壤含水量降低至凋萎系数以下，造成植物永久凋萎而死亡；生理干旱是由于植物生原因造成植物不能吸收土壤中水分而出现的干旱；大气干旱是指当气温高、相对湿度小、有时伴有干热风时，植物蒸腾急剧增加，吸水速度大大低于耗水速度，造成蒸腾失水和根系吸水的极不平衡而呈现植物萎蔫，严重影响植物的生长发育。社会经济干旱应当是水分总供给量少于总需求量的现象，应从自然界与人类社会系统的水分循环原理出发，用水分供需平衡模式来进行评价。

(7) 水生态环境

水生态环境主要是指影响人类社会生存发展并以水为核心的各种天然的和经过人工改造的自然因素所形成的有机统一体。当水生态环境体系受到破坏，水生态和水资源的社会、经济功能就会受到影响，从而造成灾害。

二、水灾害成因

(一) 洪灾的成因

洪水现象是自然系统活动的结果，洪水灾害则是自然系统和社会经济系统共同作用形成的，是自然界的洪水作用于人类社会的产物，是自然与人之间关系的表现。产生洪水的自然因素是形成洪水灾害的主要根源，但洪水灾害不断加重却是社会经济发展的结果。因此应从自然因素和社会经济因素两个方面对我国洪水灾害的成因加以分析。

1.影响洪灾的自然因素

我国各地洪水情况千差万别，比如有些地区洪水发生频繁、有些地区洪水很少，有些季节洪水严重、有些季节不发生洪水。主要从气候和地貌两个方面分析我国洪水形成的自然地理背景。

(1) 气候

我国气候的基本格局：东部广大地区属于季风气候；西北部深居内陆，属于干旱气候；青藏高原则属高寒气候。

影响洪水形成及洪水特性的气候要素中，最重要、最直接的是降水；对于冰凌洪水、融雪洪水、冰川洪水及冻土区洪水来说，气温也是重要因素。其他气候要素，如蒸发、风等也有一定影响。降水和气温情况，都深受季风的进退活动的影响。

1) 季风气候的特点。我国处于中纬度和大陆东岸，受到青藏高原的影响，季风气候异常发达。季风气候的特征主要表现为冬夏盛行风向有显著变化，随着季风的进退，降雨有明显季节变化。在我国冬季盛行来自大陆的偏北气流，气候干冷，降水很少，形成旱季；夏季与冬季相反，盛行来自海洋的偏南气流，气候湿润多雨，形成雨季。

随着季风进退，雨带出现和雨量的大小有明显季节变化。受季风控制的我国广大地区，当夏季风前缘到达某地时，这里的雨季也就开始，往往形成大的雨带，当夏季风南退，这一地区雨季也随之结束。

我国夏季风主要有东南季风和西南季风两类。大致以东经105°~110°为界，其东主要受东南季风影响，以西主要受西南季风影响。

随着季风的进退，盛行的气团在不同季节中产生了各种天气现象，其中与洪水关系最密切的是梅雨和台风。

梅雨是指长江中下游地区和淮河流域每年6月上中旬至7月上中旬的大范围降水天气。一般是间有暴雨的连续性降水，形成持久的阴雨天气。梅雨开始与结束的早晚，降水多少，直接影响当年洪水的大小。有年份，江淮流域在6~7月间基本没有出现雨季，或者雨期过短，成为"空梅"，将造成严重干旱。

台风是热带气旋的一个类别。在气象学上，按世界气象组织定义，热带气旋中心持续风速达到12级称为飓风，飓风的名称使用在北大西洋及东太平洋；而北太平洋西部称为台风。台风每年6~10月，由我国东南低纬度海洋形成的热带气旋北移，携带大量水汽途径太湖地区，造成台风型暴雨。

2）降水。降水是影响洪水的重要气候要素，尤其是暴雨和连续性降水。我国是一个暴雨洪水问题严重的国家。暴雨对于灾害性洪水的形成具有特殊重要的意义。

a.年降水量地区分布。形成大气降水的水汽主要来自海洋水面蒸发。我国境内降水的水汽主要来自印度洋和太平洋，夏季风（东南季风和西南季风）的强弱对我国降水量的地区分布和季节变化有着重要影响。

我国多年降水量地区分布的总趋势是从东南沿海向西北内陆递减。400mm等雨量线由大兴安岭西侧向西南延伸至我国和尼泊尔的边境。以此线为界，东部明显受季风影响降水量多，属于湿润地区；西部不受或受季风影响较小，降水稀少，属于干旱地区在东部。降水量又有随纬度的增高而递减的趋势。如东北和华北平原年降水量在600mm左右，长江中下游干流以南年降水量在1000mm以上。

我国是一个多山的国家，各地降水量多少受地形的影响也很显著，这主要是因为山地对气流的抬升和阻障作用，使山地降水多于邻近平原、盆地，山岭多于谷底，迎风坡降水多于背风坡。如青藏高原的屏障作用尤为明显，它阻挡了西南季风从印度洋带来的湿润气流，造成高原北侧地区干旱少雨的气候。

b.降水的年内分配。各地降水年内各季节分配不均，绝大部分地区降水主要集中在夏季风盛行的雨季。各地雨季长短，因夏季风活动持续时间长短而异。

我国降水年内分配高度集中，是造成防洪任务紧张的一个重要原因。

降水强度对洪水的形成和特性具有重要意义。我国各地大的降水一般发生在雨季，往往一个月的降水量可占全年降水量的1/，甚至超过一半，而一个月的降水量又往往由几次或一次大的降水过程所决定。西北、华北等地这种情况尤为显著。东南沿海一带，最大强度的降水一般与台风影响有关。江淮梅雨期间，也常常出现暴雨和大暴雨。

3）气温。气温对洪水的最明显的影响主要表现在融雪洪水、冰凌洪水和冰川洪水的形成、分布和特性方面。另外，气温对蒸发影响很大，间接影响着暴雨洪水的产流量我国气温分布总的特点是：在东半部，自南向北气温逐渐降低；在西半部，地形影响超过了纬度影响，地势愈高气温愈低。气温的季节变化则深受季风进退活动的影响。

一般说，1月我国各地气温下降到最低值，可以代表我国冬季气温。1月平均0℃等温线大致东起淮河下游，经秦岭沿四川盆地西缘向南至金沙江，折向西至西藏东南隅。此线以北以西气温基本在0℃以下。

1月份以后气温开始逐渐上升，4月平均气温除大兴安岭、阿尔泰山、天山和青藏高原部分地区外，由南到北都已先后上升到0℃以上，融冰、融雪相继发生。

（2）地貌

我国地貌十分复杂，地势多起伏，高原和山地面积比重很大，平原辽阔，对我国的气候特点、河流发育和江河洪水形成过程有着深刻的影响。

我国的地势总轮廓是西高东低，东西相差悬殊。高山、高原和大型内陆盆地主要位于西部，丘陵、平原以及较低的山地多见于东部。因而向东流入太平洋的河流多，流路长且流量大。

自西向东逐层下降的趋势，表现为地形上的三个台阶，称作"三个阶梯"，最高一级是青藏高原；青藏高原的边缘至大兴安岭、太行山、巫山和雪峰山之间，为第二阶梯，主要是由内蒙古高原、黄土高原、云贵高原、四川盆地和以北的塔里木盆地、准格尔盆地等广阔的大高原和大盆地组成；最低的第三阶梯是我国东部宽广的平原和丘陵地区，由东北平原、华北平原、长江中下游平原、山东低山丘陵等组成，是我国洪水泛滥危害最大的地区。三个地形阶梯之间的隆起地带，是我国外流河的三个主要发源地带和著名的暴雨中心地带。

我国是一个多山的国家，山地面积约占全国面积的33%，高原26%，丘陵10%，山间盆地19%，平原12%，平原是全国防洪的重点所在。

除了上述宏观的地貌格局，影响我国洪水地区分布和形成过程的重要地貌特点还有黄土、岩溶、沙漠和冰川等。

黄土多而集中的地带，土层疏松、透水性强、抗蚀力差，植被缺乏，水流侵蚀严重，水土流失突出，洪水含沙量很高，甚至有些支流及沟道往往出现浓度很高的泥流，这是我国部分河流洪水的特点之一。

冰川是由积雪变质成冰并能缓慢运动的冰体。我国是世界上中纬度山岳冰川最发达的国家之一。冰川径流是我国西部干旱地区的一种宝贵水资源，但有时也会形成洪水灾害。

2.影响洪灾的社会经济因素

洪水灾害的形成，自然条件是一个很重的因素，但形成严重灾害则与社会经济条件密切相关。由于人口的急剧增长，水土资源过度的不合理开发，人类经济活动与洪水争夺空间的矛盾进一步突出，而管理工作相对薄弱，引起了许多新的问题，加剧了洪水灾害。

(1) 水土流失加剧，江河湖库淤积严重

森林植被具有截留降水、涵养水源、保持水土等功能，森林盲目砍伐，一方面导致暴雨之后不能蓄水于山上，使洪水峰高量大，增加了水灾的频率；另一方面增加了水土流失，使水库淤积，库容减少，也使下游河道淤积抬升，降低了调洪和排洪的能力。

据统计，1957年我国长江流域森林覆盖率为22%，水土流失面积为36.38万 km²，占流域面积的20.2%，到1986年森林覆盖率减少了一半多，水土流失面积增加一倍。

(2) 围垦江湖滩地，湖泊天然蓄洪作用衰减

我国东部平原人口密集，人多地少矛盾突出，河湖滩地的围垦在所难免，虽然江湖滩地的围垦增加了耕地面积，但是任意扩大围垦使湖泊面积和数量急剧减少，降低了湖泊的天然调蓄作用。

(3) 人为设障阻碍河道行洪

随着人口增长和城乡经济发展，沿河城市、集镇、工矿企业不断增加和扩大，滥占行洪滩地，在行洪河道中修建码头、桥梁等各种阻水建筑物，一些工矿企业任意在河道内排灰排渣，严重阻碍河道正常行洪。目前，与河争地、人为设障等现象仍在继续。

(4) 城市集镇发展带来的问题

城市范围不断扩大，不透水地面持续增加，降雨后地表径流汇流速度加快，径流系数增大，峰现时间提前，洪峰流量成倍增长。与此同时，城市的"热岛效应"使城区的暴雨频率与强度提高，加大了洪水成灾的可能。

此外，城市集镇的发展使洪水环境发生变化城镇周边原有的湖泊、洼地、池塘、河不断被填平，对洪水的调蓄功能随之消失；城市集镇的发展，不断侵占泄洪河道、滩地，给河道设置层层卡口，行洪能力大为减弱，加剧了城市洪水灾害。城市人口密集，经济发达，洪水灾害的损失十分显著。

(二) 山洪的成因

山洪按其成因可以分为暴雨山洪、冰雪山洪、溃水山洪。

(1) 暴雨山洪：在强烈暴雨作用下，雨水迅速由坡面向沟谷汇集，形成强大的暴雨山洪冲出山谷。

(2) 冰雪山洪：由于迅速融雪或冰川迅速融化而成的雪水直接形成洪水向下游倾斜形成的山洪。

(3) 溃水山洪：拦洪、蓄水设施或天然坝体突然溃决，所蓄水体破坝而出形成的山洪。

以上山洪的成因可能单独作用，也可能几种成因联合作用。在这三类山洪中，以暴雨山洪在我国分布最广，爆发频率最高，危害也最严重。主要阐述分析暴雨山洪。

第三节　水灾害类型及其成因

一、山洪

(一) 山洪的形成条件

山洪是一种地表径流水文现象，它同水文学相邻的地质学、地貌学、气象学、土壤学及植物学等均有密切的关系。但是山洪形成中最主要和最活跃的因素是水文因素。

山洪的形成条件可以分为自然因素和人为因素。

1.自然因素

(1) 水源条件。山洪的形成必须有快速、强烈的水源供给。暴雨山洪的水源是由暴雨降水直接供给的。

暴雨是指降雨急骤而且量大的降雨。定义"暴雨"时，不仅要考虑降水强度，还要考虑降水历时，一般以24h雨量来定。我国暴雨天气系统不同，暴雨强度的地理分布不均，暴雨出现的气候特征以及各地抗御暴雨山洪的自然条件不同，因此，暴雨的定义亦因地区不同而有所不同。

（2）下垫面条件

①地形。我国地形复杂，山区广大，山地占33%，高原26%，丘陵10%。因此，丘陵和高原构成的山区面积超过全国面积的2/3。在广大的山区，每年均有不同程度的山洪发生。

陡峭的山坡坡度和沟道纵坡为山洪发生提供了充分的流动条件。地形的起伏，对降雨的影响也极大，如降雨多发生迎风坡；地形有抬升气流，加快气流上升速度的作用，因而山区的暴雨大于平原，也为山洪提供了更加充分的水源。

②地质。影响主要表现在两个方面：一是为山洪提供固体物质，二是影响流域的产流与汇流。

山洪多发生在地质构造复杂，滑坡、崩塌、错落发育地区，这些不良的地质现象为山洪提供了丰富的固体物质来源。此外，物理、化学、生物作用的形成的松散碎屑物以及雨滴对表层土壤的侵蚀及地表水流对坡面和沟道的侵蚀，也极大地增加了山洪中的固体物质含量。

岩石的透水性影响了流域的产流与汇流速度。透水性好，渗透好，地表径流小，对山洪的洪峰流量起消减作用；透水性差，速度快，有利于山洪形成。

地质变化过程决定了流域的地形，构成域的岩石性质，滑坡、崩塌等现象，为山洪提供物质来源，对于山洪破坏力的大小，起着极其重要的作用。但是山洪是否形成，或在什么时候形成，一般不取决于地质变化过程。换言之，地质变化过程只决定山洪中携带泥沙多少的可能性，并不决定山洪何时发生及其规模。因而尽管地质因素在山洪形成中起着十分重要的作用，但山洪仍是一种水文现象而不是一种地质现象。

③土壤。一般来说，厚度越大，越有利于雨水的渗透与蓄积，减小和减缓地表径流，对山洪的形成有一定的抑制作用；反之暴雨很快集中并产生面蚀或沟蚀，夹带泥沙而形成山洪，对山洪有促进作用。

④森林植被。一方面通过树冠截留降雨，枯枝落叶层吸收降雨，雨水在林区土壤中的入渗，消减和降低雨量和雨的强度。另一方森林植被增大了地表糙度，减缓了地表径流流速，增加了下渗水量，延长了地表产流与汇流时间。此外，森林植被还阻挡了雨滴对地表的冲蚀，减少了流域的产沙量。森林植被对山洪有显著的抑制作用。

2. 人为因素

山洪就其自然属性来讲，是山区水文气象条件和地质地貌因素共同作用的结果，是客观存在的一种自然现象。但随着经济建设的发展，人类活动对自然环境影响越来越大。人类活动不当可增加形成山洪的松散固体物质，减弱流域的水文效应，促进山洪的形成，增大洪流量，使山洪的活动性增强，规模增大，危害加重。

（1）森林不合理采伐。缺乏森林植被的地区在暴雨作用下，山洪极易形成。

（2）山区采矿弃渣，将松散固体物质堆积于坡面和沟道中。在缺乏防护措施情况下，一遇到暴雨，不仅会促进山洪的形成，而且会导致山洪规模的增大。

（3）陡坡垦殖扩大耕地面积，破坏山坡植被；改沟造田侵占沟道，压缩过流断面，致使排洪不畅，增大了山洪规模和扩大了危害范围。

（4）山区建设施工中，忽视环境保护及山坡的稳定性，造成边坡失稳，引起滑坡与崩塌；施工弃土不当，堵塞排洪径流，降低排洪能力。

（二）山洪形成的过程

山洪的形成必须有足够大的暴雨强度和降雨量，而由暴雨到山洪则有一个复杂的过程。

1. 产流过程

影响山洪产流的因素有降雨、蒸发、下渗及地下水等。

（1）降雨。降雨是山洪形成的最基本条件，暴雨的强度、数量、过程及其分布，对山洪的产流过程影响极大。降雨量必须大于损失量才能产生径流，而一次山洪总量的大小，又取决于暴雨总量。

（2）下渗。山洪一般是在短历时、强暴雨作用下发生的，形成山洪的主体是地表径流。要产生径流，必须满足降雨强度大于下渗率的条件，在不同的地区需要的降雨强度不一样。

（3）蒸发。蒸发是影响径流的重要因素之一。每年由降雨产生的水量中，很大一部分被蒸发。据统计，我国湿润地区年降水量的 30% ~ 50% 和干旱地区的 80% ~ 90% 耗于蒸发。但山洪的暴雨产流过程历时很短，其蒸发作用仅对前期土壤含水量有影响，雨间蒸发可忽略。

（4）地下水。在山区高强度暴雨条件下地表径流很大且汇流迅速，极易形成大的洪峰。而地下径流是由于重力下渗的水分经过地下渗流形成的，径流量小，出流慢，对山洪的形成作用不大。

2. 汇流过程

山洪的汇流过程是暴雨产生的水流由流域内坡面及沟道向出口处的汇集过程，该过程分为坡面汇流和沟道汇流。

（1）坡面汇流。水体在流域坡面上的运动，称为坡面汇流。坡面通常是由土壤、植被、岩石及松散风化层所构成。人类活动，如农业工作、水利工程、山区城镇建设主要是在坡面上进行。由于微地形的影响，坡面流一般是沟状流，降雨强度很大时，也可能是片状流。由于坡面表面粗糙度大，以致水流阻力很大，流速较小。坡面流程不长，仅 100m 左右，因此坡面汇流历时较短，一般在十几分钟到几十分钟内。

（2）沟道汇流。经过坡面的水流进入沟道后的运动，称为沟道汇流或河网汇流。流域中的大小支沟组成及分布错综复杂，各支沟的出口相互之间具有不同程度的干扰作用，因此沟道汇流要比坡面汇流复杂。沟道汇流的流速比坡面汇流快。但由于沟道长度长于坡面，沟道汇流的时间比坡面汇流时间长。流域面积越大，沟道越长，越不利于山洪的形成。所以，山洪一般发生在较小的流域中，其汇流形式以坡面汇流为主。

3. 产沙过程

山洪中所挟带的泥石物质是由剥蚀过程以及流域中所积累的历史山洪的携带物、冲积物和冰水沉积物所形成。剥蚀作用是指地球表面上岩石破坏过程及破坏产物从其形成地点往较低地点的搬运过程的总称。对于山洪而言，最重要的三种剥蚀过程或作用为：风化作用、破坏产物沿坡面的移动（崩塌、滑坡等）和侵蚀作用。这些不仅能直接为山洪提供丰富的物质来源，而且为壅塞溃决型山洪的形成准备了有利条件。

（1）地质因素。地质构造复杂、断裂褶皱发育、新构造运动强烈、地震烈度大的地区，易导致地表岩层破碎、山崩、滑坡、崩塌等不良地质现象，为山洪提供丰富的物质来源。

山崩是山坡上的岩石、土壤快速、瞬间滑落的现象。泛指组成坡地的物质，受到重力吸引，而产生向下坡移动现象。暴雨、洪水或地震可以引起山崩。人为活动，例如伐木和破坏植被，路边陡峭的开凿，或漏水管道也能够引起山崩。有些山崩现象不是地震引发的，而是由于山石剥落受重力作用产生的。在雨后山石受润滑的情况下，也能引发山崩；而由于山崩，大地也会震动引起地震。

（2）风化作用。风化作用是指矿物和岩石长期处在地球表面，在物理、化学等外力条件下所产生的物理状态与化学成分的变化。风化作用包括物理、化学、生物风化作用。

①物理风化作用。物理风化作用是指由于温度的变化，使岩石分散为形状与数量各不相同的许多碎块。在昼夜温差很大的地方，在大陆性气候地区，特别是干旱地区，这种现象非常显著。岩石矿物成分没有改变。

②化学风化作用。由于空气中的氧、水、二氧化碳和各种水溶液的作用，引起岩石中化学成分发生变化的作用称为化学风化作用。不仅使岩石破坏，还使岩石矿物成分显著改变。

③生物风化作用。生物风化作用是指生物在生长或活动过程中使岩石发生破坏的作用。

④泥石沿坡面的移动。由风化作用而产生的松散物质沿地表运动，移动的基本动力是重力，并通过某种介质（水、气）间起作用。移动的方式有崩解、滑坡、剥落、土流、覆盖层崩塌等。

按照崩塌体的规模、范围、大小可以分为剥落、坠石和崩落等类型。剥落的块度较小，块度大于0.5m者小于25%，产生剥落的岩石山坡一般在30°~40°；坠石的块度较大，块度大于0.5m者占50%~70%，山坡角在30°~40°范围内；崩落的块度更大，块度大于0.5m者占75%以上，山坡角多大于40°。

土流是一种松软岩土块体运移的现象。其特征是在一定的范围之内，土体或风化了的岩石顺着山坡运移，其底部大致为土流斜坡面，状似舌形。土体发生滑动运移时总体上没有旋转运动，但在附近的凹形崖上，常可看到在一系列崩滑块体中有小的原始转动。

松散物质在坡面上能停住不动的最大倾角（安息角或休止角），依物质的特性的不同而不同，在 25°～50° 范围内变化。比如石块越大，则其外形越不规则，棱角越多，其安息角越大。

⑤侵蚀作用。侵蚀泛指在风和水的作用下，地表泥、沙、石块剥蚀并产生转运和沉积的整个过程。对于山洪，主要是水的作用，水蚀是雨蚀、冰（雪）水蚀、面蚀、沟蚀、浪蚀等侵蚀的总称。

1）雨蚀。一般谈及侵蚀作用时，重点常放在地表径流引起的侵蚀作用，不太注意雨滴的冲蚀作用。其实雨滴的冲蚀作用是十分巨大的，降雨侵蚀约有 80% 是雨滴剥离造成的，其余部分才是地表流水侵蚀造成的，所以侵蚀量很大程度上取决于暴雨的强度及冲击力。

雨滴冲击土壤的能量在这个坡地上大致是平均分布的，而径流冲刷土壤的能量则随着流速的增大自坡顶向坡脚增大。所以雨滴对土壤的侵蚀，以坡顶最为强烈，径流对土壤的冲刷则以坡脚最甚。

"土壤侵蚀"和"水土流失"在发生机理上有明显的差异，无土壤侵蚀，则无水土流失；反之，无水土流失，却仍有土壤侵蚀现象存在。

2）面蚀。即表面侵蚀，是指分散的地表径流从地表冲走表层的土粒。面蚀是径流的开始阶段，即坡面径流引起的，多发生在没有植被覆盖的荒地上或坡耕地上。仅带走表层土粒，对农业生产和山洪形成都有很大影响。

3）沟蚀。是指集中的水流侵蚀。沟蚀的影响面积不如面蚀大，但对土壤的破坏程度则远比面蚀严重。对耕地面积的完整、桥梁、渠道等建筑物有很大危害。

沟蚀按其发展程度分为三种：浅沟侵蚀（一般深达 0.5～1m，宽约 1m）、中沟侵蚀（沟宽达 2～10m）、大沟侵蚀（沟宽在 10 以上，沟床下切至少在 1m 以上，危害严重）。

⑥其他侵蚀。主要有冰（雪）侵蚀、浪蚀和陷穴侵蚀。陷穴侵蚀多发生在我国黄土区，原因是黄土疏松多孔，有垂直节理，并含有很多的可溶性碳酸钙，降雨后雨水下渗，溶解并带走这些可溶性物质。日积月累，内部

形成空洞，至下部不能负担上部重量时，即下陷形成陷穴。

二、涝渍

涝和渍灾害在多数地区是共存的，有时难以截然分开，故而统称为涝渍灾害。

涝灾：因暴雨产生的地面径流不能及时排除，使得低洼区淹水，造成国家、集体和个人财产损失，或使农田积水超过作物耐淹能力，造成农业减产的灾害，叫做涝灾。

渍害：也称为湿害，是由于连绵阴雨，地势低洼，排水不良，低温寡照，造成地下水位过高，土壤过湿，通气不良，植物根系活动层中土壤含水量较长期地超过植物能耐受的适宜含水量上限，致使植物的生态环境恶化，水、肥、气、热的关系失调，出现烂根死苗、花果霉烂、籽粒发霉发芽，甚至植株死亡，导致减产的现象。

涝渍灾害的主要成因：

1. 自然因素

气象与天气条件降雨过量是发生涝灾的主要原因。灾害的严重程度往往与降雨强度、持续时间、一次降雨总量和分布范围有关。

2. 土壤条件

农田渍害与土壤的质地、土层结构和水文地质条件有密切关系。

3. 地形地貌

地势平缓，洼地积水，排水不畅，地下水位过高。

4. 人类活动

盲目围垦和过度开发超采地下水，造成地面沉降；新建或规划排水系统不合理导致灌排失调；城市化的影响。

5. 城市内涝成因

（1）地形地貌

地势比较高的地区不容易形成积水，例如苏州、无锡等老城虽然是水乡城市，但是因为老城都选择地势比较高的地区，所以不怎么容易形成积水。而城市范围内地势比较低洼的地区，就容易形成内涝，城市建设用地选择什么样的地形地貌非常重要，如果选择在低洼地或是滞洪区，那降雨积水的可能性就非常大。

（2）排水系统

国内一些城市排水管网欠账比较多，管道老化，排水标准比较低。有的地方排水设施就不健全，不完善，排水系统建设滞后是造成内涝的一个重要原因。另外，城市大量的硬质铺装，如柏油路、水泥路面，降雨时水渗透性不好，不容易入渗，也容易形成这段路面的积水。

（3）城市环境

由于城市中植被稀疏，水塘较少，无法储存雨水，导致出现"汇水"的现象形成积水。而且热岛效应的出现，导致暴雨出现的几率增加，降水集中。

（4）交通引起

由于尾气排放过多，导致空气中粉尘、颗粒物较多，容易产生凝结核，产生降水。

三、风暴潮与水灾害性海浪

（一）天气系统

1. 台风

台风是引起沿海地区风暴潮和灾害性海浪的最主要天气系统之一。

我国东临西北太平洋，受西北太平洋台风影响十分显著，西北太平洋的台风约35%在我国登陆，其中7～9月是登陆高峰，占全年登陆总数的80%。台风暴雨也随台风活动季节的变化及移动路径而变化。

热带气旋采用4位数字编号，前2位数字表示年份，后2位数字表示当年热带气旋的顺序号。如某一台风破坏力巨大，世界气象组织将不再继续使用这个名字，使其成为该次台风的专属名词。

2. 温带气旋

温带气旋又叫锋面气旋。温带气旋是造成我国近海风暴潮的另一种重要天气系统。温带气旋是出现在中高纬度地区而中心气压于四周近似椭圆形的空气涡旋，是影响大范围天气变化的重要天气系统之一。

3. 寒潮

寒潮是冬季的一种灾害性天气。寒潮主要出现在11月至翌年3月，随着寒潮中心的移动，各种灾害性天气相继出现。

（二）海洋系统

1.海洋潮汐

海洋潮汐是海水在天体（主要为月球和太阳）引潮力作用下产生的周期性涨落运动。风暴潮与天文大潮遭遇，最易形成较大的风暴潮灾害。

2.河口潮汐

海洋潮波传至河口引起河口水位的升降运动叫河口潮汐。河口潮汐除具有海洋潮汐的一般特性外，受河口形态、河床变化、河道上游下泄流量等因素的影响。

3.海平面上升

近 50 年来，我国沿海海平面平均上升速率为 2.5mm/a，略高于全球海平面上升速率。加剧风暴潮灾害，引发海水入侵、土壤盐渍化、海岸侵蚀等。

4.地理因素

（1）沿海平原和三角洲

在国际上，一般认为海拔 5m 以下的海岸区域为易受气候变化、海平面上升和风暴潮危害的危险区域。我国沿海这类低洼地区有 14.39 万 km^2。

（2）海岸带地质环境

大致分为基岩海岸带和泥砂质海岸带。基岩海岸带是坚硬的石质，能够抵挡住风暴潮，泥砂质海岸带则比较松软，风暴潮及灾害性海浪袭来时就会致灾。

5.人类活动

（1）防潮工程

海堤没有达标，标准低。

（2）地面沉降

（3）经济发展

沿海地区和海洋经济的发展，沿海基础设施的增加，造成承灾体日趋庞大，使列入潮灾的次数增多。

（4）过度开发

人类活动经常成为海岸侵蚀灾害的主要成因。沿岸采砂、不合理的海岸工程建设、过度开采地下水、采伐海岸红树林，是人类活动直接导致的海岸侵蚀的常见原因，造成沿海防潮减灾的脆弱性。

四、泥石流

泥石流的形成需要三个基本条件：有陡峭便于集水集物的适当地形；上游堆积有丰富的松散固体物质；短期内有突然性的大量流水来源。

1. 地形地貌条件

在地形上具备山高沟深，地形陡峻，沟床纵度降大，流域形状便于水流汇集。在地貌上，泥石流的地貌一般可分为形成区、流通区和堆积区三部分。上游形成区的地形多为三面环山，一面出口为瓢状或漏斗状，地形比较开阔、周围山高坡陡、山体破碎、植被生长不良，这样的地形有利于水和碎屑物质的集中；中游流通区的地形多为狭窄陡深的峡谷。谷床纵坡降大，使泥石流能迅猛直泻；下游堆积区的地形为开阔平坦的山前平原或河谷阶地，使堆积物有堆积场所。

2. 松散物质来源条件

泥石流常发生于地质构造复杂、断裂褶皱发育、新构造活动强烈、地震烈度较高的地区。地表岩石破碎、崩塌、错落、滑坡等不良地质现象发育，为泥石流的形成提供了丰富的固体物质来源；另外，岩层结构松散、软弱、易于风化、节理发育或软硬相间成层的地区，因易受破坏，也能为泥石流提供丰富的碎屑物来源；一些人类工程活动，如滥伐森林造成水土流失，开山采矿等，往往也为泥石流提供大量的物质来源。

3. 水源条件

水既是泥石流的重要组成部分，又是泥石流的激发条件和搬运介质（动力来源），泥石流的水源，有暴雨、水雪融水和水库溃决水体等形式。我国泥石流的水源主要是暴雨长时间的连续降雨等。

五、干旱

1. 气象干旱成因

气象干旱也称大气干旱，根据气象干旱等的中华人民共和国国家标准，气象干旱是指某时段内，由于蒸发量和降水量的收支不平衡，水分支出大于水分收入而造成的水分短缺现象。气象干旱通常主要以降水的短缺作为指标。主要为长期少雨而空气干燥、土壤缺水引起的气候现象。

2. 水文干旱成因

水文干旱侧重地表或地下水水量的短缺，Linsley 等在 1975 年把水文干旱定义为："某一给定的水资源管理系统下，河川径流在一定时期内满足不了供水需要"。如果在一段时期内，流量持续低于某一特定的阈值，则认为发生了水文干旱，阈值的选择可以依据流量的变化特征，或者根据水需求量来确定。

3. 农业干旱成因

农业干旱是指在农作物生长发育过程中，因降水不足、土壤含水量过低和作物得不到适时适量的灌溉，致使供水不能满足农作物的正常需水，而造成农作物减产。体现干旱程度的主要因子有：降水、土壤含水量、土壤质地、气温、作物品种和产量，以及干旱发生的季节等。

4. 社会经济干旱成因

指由于经济、社会的发展需水量日益增加，以水分影响生产、消费活动等来描述的干旱。其指标常与一些经济商品的供需联系在一起，如建立降水、径流和粮食生产、发电量、航运、旅游效益以及生命财产损失等有关。

社会经济干旱指标：社会经济干旱指标主要评估由于干旱所造成的经济损失。通常拟用损失系数法，即认为航运、旅游、发电等损失系数与受旱时间、受旱天数、受旱强度等诸因素存在一种函数关系。虽然各类干旱指标可以相互借鉴引用，但其结果并非能全面反映各学科干旱问题，要根据研究的对象选择适当的指标。

六、水生态环境恶化

1. 水生态系统

水生态系统是以水体作为主体的生态系统，水生态系统不仅包括水，还包括水中的悬浮物、溶解物质、底泥及水生生物等完整的生态系统。

河流最显著的特点是具有流动性，这对河流生态系统十分重要。湖泊水库面临的主要污染问题包括氮、磷等营养盐过量输入引起的水体富营养化。

2. 水环境承载力

水环境承载力是指在一定水域，其水体能够被继续使用并仍保持良好生态系统的条件下，所能容纳污水及污染物的最大能力。

3. 水污染类型

水体污染分为自然污染和人为污染两大类。污染物种类：耗氧污染物、致病性污染物、富营养性污染物、合成的有机化合物、无机有害物、放射性污染物、油污染、热污染。

4. 水污染的生态效应

污染物进入水生生态系统后，污染物与环境之间、污染物之间的相互作用，以及污染物在食物链间的流动，会产生错综复杂的生态效应。由于污染物种类的不同以及不同物种个体的差异，使生态系统产生的机理具有多样性。

根据污染物的作用机理，可分为以下几种形式：

物理机制：物理性质发生改变。

化学机制：污染物与水体生态系统的环境各要素之间发生化学作用，同时污染物之间也能相互作用，导致污染物的存在的形式不断发生变化，污染物的毒性及生态效应也随之改变。

生物学机制：污染物进入生物体后，对生物体的生长、新陈代谢、生化过程产生各种影响。根据污染物的机理，可分为生物体累积与富集机理，以及生物吸收、代谢、降解与转化机理。

综合机制：污染物进入生态系统产生污染生态效应，往往综合了物理、化学、生物学过程，并且是多种污染物共同作用，形成复合污染效应。复合污染效应的发生形式与作用机制具有多样性，包括协同效应、加和效应、拮抗效应、保护效应、抑制效应等。

第四节　水灾害危害

一、江河洪水的危害

只有当洪水威胁到人类安全和影响社会经济活动并造成损失时才能成为洪水灾害，洪水灾害是自然因素和社会因素综合作用的结果。

(一) 洪水灾情概述

1.世界洪灾情况

在世界陆地总面积中，河流流域面积占8.4%，河流与人类的生存和发展关系非常密切，她哺育了人类，为人类文明作出了贡献，但是江河洪水也常常带给人类巨大的灾难和痛苦。

美国国土面积为936万 km^2，百年一遇，洪水位以下洪泛区面积为54万 km^2，占全国国土面积的5.8%。日本洪泛区面积为3.8万 km^2，占国土面积的10%。印度面积326万 km^2，其中1/8面积经常受洪水威胁。在洲中部及东部地区，2002年夏天发生的特大暴雨和洪水，德国受灾人口超过400万，几十万人被迫转移。

2.我国的洪灾情况

洪水灾害历来是我国最严重的自然灾害之一，据统计自春秋到建国，黄河决口泛滥1590次，重大改道26次。新中国成立后，经过治理，"大雨大灾，小雨小灾"已经得到很大的改变，主要江河常遇洪水基本得到控制，洪水发生频次显著下降。但由于人口剧增、水土资源的不合理开发、经济发展和江河自然演变，又产生了许多新的问题，遇到特大洪水，灾害依然十分严重。

(1)1954年长江流域特大洪灾

长江出现百年罕见的流域性特大洪水，长江中下游有123个县市受灾，受灾人口1888万，死亡3.3万人，淹没农田317万 hm^2，损失房屋427.6万间，京广铁路近百日不能正常运行

(2)1975年淮河流域特大洪灾

河南省29个县市、110万 hm^2 农田被淹，受灾人口100万，8.56万人死亡。

(3)1991年江淮特大洪灾

造成淮河及太湖流域受灾耕地590万 hm^2 损失粮食74.2亿kg，2万多个工矿企业停产。

(4)1998年长江流域特大洪灾

1998年长江大洪水，仅次于1954年，为20世纪第2位全流域性洪水。

（二）洪水灾害的影响

1.洪灾对国民经济各部门的影响

（1）对农业的影响

洪水灾害常常造成大面积农田受淹，作物减产甚至绝收。在1950～2000年的51年中，全国平均每年农田受灾面积937万 hm^2，成灾523万 hm^2。农业是国民经济的基础。粮食产量增长率制约着国民生产总值增长率，洪水灾害对农业的影响主要在当年，而农业对国民经济其他部门的影响，不仅在当年，还可能之后一年甚至几年。

（2）对交通运输业的影响

铁路是国民经济的动脉，随着国民经济的不断发展，铁路所担负的运输任务越来越繁重，但是每年洪水灾害对铁路正常运输和行车安全构成了很大威胁，我国七大江河中下游地区的许多铁路干线，如京广、京沪、京九、陇海等重要干线，每年汛期常处于洪水的威胁之下。我国公路网络里程长，洪水对公路的破坏更加严重，1981年四川洪灾造成全省80条公路干线和48条县级以上交通线中断。

（3）对城市和工业的影响

我国大中城市基本上是沿江河分布、地势平坦、又多位于季风区域，极易遭受洪水的侵袭。城市是地区政治、经济和文化中心，人口集中，资产密度大，目前我国工业产值中约有80％集中在城市，一旦遭受洪水袭击，损失较为严重。1998年长江大洪水，九江城区因长江干堤决口而部分被淹，全市直接经济损失114亿元。

2.洪灾对社会的影响

（1）人口死亡

洪水灾害对社会生活的影响，首先表现为人口的大量死亡，我国历史上每发生一次大的洪水，都有严重的人口死亡的情况发生，如1954年长江特大洪水死亡3万余人。

（2）灾民的流徙

洪灾对社会生活影响的另一个方面是人口的流徙，造成了社会的动荡不安。

（3）疫病

水灾和疫病常有因果的关系，水灾之后疫病流行是常有的事，水灾具有伴生性的特点，水灾发生后会导致一连串的次生灾害，疫病即是其中的一方面。水灾造成瘟疫的爆发和蔓延，给社会带来的冲击和影响，更甚于水灾本身。随着社会的发展，科学技术的进步，防洪水平的不断提高，疫病等灾情已可以得到有效控制，但是洪水造成的铁路、交通、运输、输电、通信等线路设施的破坏，直接影响社会的正常生产和生活秩序。

3.洪灾对环境的影响

（1）对生态环境的破坏

洪水对生态环境的破坏，最主要的是水土流失问题。水土流失不仅严重制约着山丘区农业生产的发展，而且给国土整治、江河治理及保持良好生态环境带来困难。

（2）对耕地的破坏

从水利的角度看，一是水冲沙压、毁坏农田。每次黄河泛滥决口，大量泥沙覆盖沿河两岸富饶土地，导致大片农田被毁。二是洪涝灾害加剧盐碱地的发展。洪水泛滥以后，土壤经大水浸渍，地下水抬高，大量盐分被带到地表，使土壤盐碱化，对农业生产和生活环境带来严重危害。

（3）对河流水系的破坏

我国河流普遍多沙，洪水决口泛滥，泥沙淤塞，对河道功能的破坏极其严重，尤其是黄河泛滥改道，对水系的破坏范围极广，影响深远，黄河决口流经的河道都将过去的湖泊洼地淤成高于附近的沙岗、沙岭，使黄淮海平原水系紊乱，出路不畅，成为洪水灾害频发的根源。

（4）对水环境的污染

包括病菌蔓延、有毒物质扩散，直接危及人们的健康。洪水泛滥使垃圾、污水、动物尸体漂流满溢。河流、池塘、井水都会受到污染，工矿企业被淹后，有毒重金属和其他化学污染物对水质产生污染。

二、山洪的危害

我国是一个多山国家，山区面积约占国土总面积的2/3，我国山洪发生的频次、强度、规模及造成的经济损失、人员伤亡等方面均居世界前列。

据统计，1950～1990年我国因山洪导致农田年均受灾面积近300万 hm²，年均倒塌房屋80万间，死亡15.2万人，占同期洪涝灾害死亡人数的67%。

山洪的危害表现为以下几个方面：

(1) 对道路通信设施的危害

山洪对在山区经济建设中占有重要地位的公路、铁路、通信等设施危害极大。由于这些工程设施不可避免地要跨沟越岭，若在设计施工中，对山洪的防范缺乏认识，措施不力，山洪暴发时，将会造成重大损失。

(2) 对城镇的危害

山区城镇常修建在洪积扇上，以利于城镇的规划与布局。但它也是山洪必经之路，一旦山洪暴发，将直冲城镇建筑，危害人民生命财产的安全。

(3) 对农田的危害

山区农田大都分布于河坝与冲积扇上或沟两侧，无防洪设施。一旦山洪暴发，山洪裹携的大量泥沙冲向下游，会冲毁或淤埋沟口以下的农田。

(4) 对资源的危害

山区具有丰富的自然资源，若不能充分认识山洪的危害，进行有效的防治，山区的资源难以开发利用，阻碍山区的经济发展。

(5) 对生态环境的危害

山洪的频发暴发，破坏了山体的表层结构，增加了土壤侵蚀量，加剧了水土流失，使山区生态环境恶化，加剧了山地灾害的发生和活动。

一般把山洪、泥石流、滑坡等灾害统称为山地灾害。

(6) 对社会环境的危害

有山洪的地区，人们难于从事正常的生活与生产，一到雨季人心不安。有的山区城镇，迫于山洪等山地危害的威胁，不得不部分或全部搬迁。

三、涝渍的危害

(1) 涝水对作物的危害

水分过多对植物的伤害称涝害。广义的涝害包括两层含义：其一，旱田作物在土壤水分过多达到饱和时，所受的影响称为湿害；其二，积水淹没作物的局部或全部，影响植物的生长发育就称为涝害。

农业生产中，植物涝害发生并不普遍，但在某些地区或某个时期，涝害产生的危害很大，如在某些排水不良或地下水位过高的土壤和低洼、沼泽地带，发生洪水或暴雨之后，常会出现水分过多造成对作物的危害，轻则减产，重则颗粒无收。

（2）渍害对作物的危害

南方多雨地区麦类等作物在连续降雨或低洼，土壤水分过多，地下水位很高，土壤水饱和区侵及根系密集层，使根系长期缺氧，造成植株生长发育不良而减产，这种现象可称为渍害。

渍害是指在地表长期滞水或地下水位长期偏高的区域，由于土壤长时间处于水分过饱和状态而引起的土壤中水、热、气及养分状况失调，致使土壤理化特征灾变、肥力下降，从而影响作物生长，甚至危及作物存活的一种灾害现象。渍害和涝灾都是大江沿岸低洼的负地形区中常见的灾害现象，由于具有突发性，并直接威胁人类生命财产安全，因而引起了人们的极大关注；渍害则是一种慢性灾害现象，且传统观念认为它仅影响作物的生长，因而研究较少。地下水位的深度是农作物是否发生渍害的主要指标。

四、风暴潮与水灾害性海浪的危害

风暴潮定义，也称为风暴海啸，气象海啸，指由强烈的大气扰动，如热带气旋、温带气旋、寒潮过境等引起的海面异常升高或降低，使受其影响的潮位大大地超过平常潮位的现象。

在受到风暴潮影响的近海海区，当暴风从海洋吹向河口时，可使沿岸及河口区水位剧增；当风从陆地吹向海洋时，则使沿岸及河口区水位降低。这种现象称为风暴增水和减水。

国际上通常以引起风暴潮的天气系统来命名，如0509台风风暴潮。

风暴潮能否成灾，在很大程度上取决于其大风暴潮位是否与天文潮高潮相叠，尤其是与天文大潮期的高潮相叠。当然也决定于受灾地区的地理位置、海岸形状、岸上及海底地形，尤其是滨海地区的社会经济情况。

由天文因素影响所产生潮汐称天文潮。天文潮是地球上海洋受月球和太阳引潮力作用所产生的潮汐现象。它的高潮和低潮潮位和出现时间具有规律性，可以根据月球、太阳和地球在天体中相互运行的规律进行推算和预报。

由月球引力产生的称为"太阴潮"；由太阳引力产生的称为"太阳潮"。因月球与地球的距离较近，月球引潮力为太阳引潮力的数倍。故海洋潮汐现象以太阴潮为主。

风暴潮灾害位居海洋灾害之首，世界上绝大多数特大海岸灾害都是由风暴潮造成的。我国是风暴潮灾害最严重的国家之一。

灾害性海浪：由强烈大气扰动，如热带气旋、温带气旋和强冷空气大风等引起的海浪，在海上常能掀翻船只，摧毁海岸工程，给海上的航行、施工、军事活动及渔业捕捞等活动带来危害，这种海浪成为灾害性海浪。台风型灾害性海浪是导致灾害的主要成因。

五、泥石流的危害

泥石流是暴雨、洪水将含有沙石且松软土质山体经饱和稀释后形成的洪流，它的面积、体积和流量都较大，而滑坡是经稀释土质山体小面积的区域，典型的泥石流由悬浮着粗大固体碎屑物并富含粉砂及黏土的黏稠泥浆组成。在适当的地形条件下，大量的水体浸透流水、山坡或沟床中的固体堆积物质，使其稳定性降低，饱含水分的固体堆积物质在自身重力作用下发生运动，就形成了泥石流。泥石流是一种灾害性的地质现象。通常泥石流爆发突然、来势凶猛，可携带巨大的石块。因其高速前进，具有强大的能量，因而破坏性极大。

泥石流流动的全过程一般只有几个小时，短的只有几分钟。泥石流是一种广泛分布于世界各国一些具有特殊地形、地貌状况地区的自然灾害，是山区沟谷或山地坡面上，由暴雨、冰雪融化等水源激发的、含有大量泥沙石块的介于挟沙水流和滑坡之间的土、水、气混合流。泥石流大多伴随山区洪水而发生。它与一般洪水的区别是洪流中含有足够数量的泥沙石等固体碎屑物，其体积含量最少为15%，最高可达80%左右，因此比洪水更具有破坏力。

泥石流的主要危害是冲毁城镇、企事业单位、工厂、矿山、乡村，造成人畜伤亡，破坏房屋及其他工程设施，破坏农作物、林木及耕地。此外，泥石流有时也会淤塞河道，不但阻断航运，还可能引起水灾。影响泥石流强度的因素较多，如泥石流容量、流速、流量等，其中泥石流流量对泥石流成灾程度的影响最为主要。此外，多种人为活动也在多方面加剧着上述因素的作用，促进泥石流的形成。

泥石流经常发生在峡谷地区和地震火山多发区，在暴雨期具有群发性。它是一股泥石洪流，瞬间爆发，是山区最严重的自然灾害。

泥石流常常具有暴发突然、来势凶猛、迅速之特点。并兼有崩塌、滑坡和洪水破坏的双重作用，其危害程度比单一的崩塌、滑坡和洪水的危害更为广泛和严重。它对人类的危害具体表现在四个方面：

(1) 对居民点的危害

泥石流最常见的危害之一，是冲进乡、城镇，摧毁房屋、工厂、企事业单位及其他场所设施。淹没人畜、毁坏土地，甚至造成村毁人亡的灾难。

(2) 对公路和铁路的危害

泥石流可直接埋没车站、铁路、公路，摧毁路基、桥涵等设施，致使交通中断，还可引起正在运行的火车、汽车颠覆，造成重大的人身伤亡事故。有时泥石流汇入河道，引起河道大幅度变迁，间接毁坏公路、铁路及其他构筑物，甚至迫使道路改线，造成巨大的经济损失。如甘川公路394km处对岸的石门沟，1978年7月暴发泥石流，堵塞白龙江，公路因此被淹1km，白龙江改道使长约两公的路基变成了主河道，公路、护岸及渡槽全部被毁。该段线路自1962年以来，由于受对岸泥石流的影响已3次被迫改线。新中国成立以来，泥石流给我国铁路和公路造成了无法估计的巨大损失。

(3) 对水利水电工程的危害

主要是冲毁水电站、引水渠道及过沟建筑物，淤埋水电站尾水渠，并淤积水库、磨蚀坝面等。

(4) 对矿山的危害

主要是摧毁矿山及其设施，淤埋矿山坑道、伤害矿山人员、造成停工停产，甚至使矿山报废。

六、干旱的危害

干旱通常指淡水总量少，不足以满足人的生存和经济发展的气候现象，一般是长期的现象，干旱从古至今都是人类面临的主要自然灾害。即使在科学技术如此发达的今天，它造成的灾难性后果仍然比比皆是。尤其值得注意的是，随着人类的经济发展和人口膨胀水资源短缺现象日趋严重，这也直接导致了干旱地区的扩大与干旱化程度的加重，干旱化趋势已成为全球关注的问题。

干旱的直接危害是造成农牧业减产，人畜饮水发生困难，农牧民群众陷于贫困之中。干旱的间接危害是引发其他自然灾害的发生。

(1)干旱是危害农牧业生产的第一灾害

气象条件影响作物的分布、生长发育、产量及品质的形成，而水分条件是决定农业发展类型的主要条件。干旱由于其发生频率高、持续时间长、影响范围广、后延影响大，成为影响我国农业生产最严重的气象灾害；干旱是我国主要畜牧气象灾害，主要表现在影响牧草、畜产品、加剧草场退化和沙漠化。

(2)干旱促使生态环境进一步恶化

气候暖干化造成湖泊、河流水位下降，部分干涸和断流。由于干旱缺水造成地表水源补给不足，只能依靠大量超采地下水来维持居民生活和工农业发展，然而超采地下水又导致了地下水位下降、漏斗区面积扩大、地面沉降、海水入侵等一系列的生态环境问题。

干旱导致草场植被退化。我国大部分地区处于干旱半干旱和亚湿润的生态脆弱地带。气候特点为夏季盛行东南季风，雨热同季，降水主要发生在每年的4～9月。北方地区雨季虽然也是每年的4～9月，但存在着很大的空间异质性，有十年九旱的特点。由于气候环境的变迁和不合理的人为干扰活动，导致了植被严重退化，进入21世纪以后，连续几年，干旱有加重的趋势，而且是春夏秋连旱，对脆弱生态系统非常不利。。

(3)气候暖干化引发其他自然灾害发生

冬春季的干旱易引发森林火灾和草原火灾。自2000年以来，由于全球气温的不断升高，导致北方地区气候偏旱，林地地温偏高，草地枯草期长，森林地下火和草原火灾有增长的趋势。

七、水生态环境灾害的危害

水圈中最大的问题是淡水资源不足，地理分布又不均，成为一些国家和地区持续发展的障碍，而水圈被污染更是威胁着人类的生存。1999年举办"世界水日"之际，联合国的专家发布，在当今的世界上，还有14亿人在饮用不安全的水，每年因此致病死亡的超过500万人。在我国，经济建设大发展后，大部分河流已受到不同程度的污染。别的国家也是工业越发达，水的污染越严重。被污染的大气经过流动扩散，可以很快稀释冲淡；被污染的水虽也可以流动，但常存在相对稳定的水体中。对以水为生的人和生物，影响长远深刻。

造成水和水体污染，固然有自然的因素。但工业的发展，化肥、农药以及生活中大量化学制品的使用，才使水圈中的污染发展到现今的危害程度。

工业生产排出的废水、生活污水和农业退水，常成为今天的主要污染源。水中污染物包含金属、非金属物质和有机物，种类繁多，其中许多对人体有害甚至是剧毒，虽然经过人工处理可以将它净化，但现在多是仅作处理，甚至是未经处理就直接排入天然水体中。

20世纪50～60年代日本的水俣市和新县发生的水俣病，其原因是工厂排放的废水中的汞经过生物食物链(硅藻—飞蛄石斑鱼—鳝鱼)的逐渐富集，使鳝鱼体内含汞量达10～20mg/L(最高达50～60mg/L)，比原废水中汞浓度高出1万～10万倍。当地居民捕食鳝鱼等之后，汞在人体内积聚，以致造成中枢神经的严重损伤。水体污染对人体和水生生物有很大的危害，尤其是有毒和有害物质的污染会造成人的慢性中毒、急性中毒以至死亡。被病菌污染的水体是传染疾病的渊薮。

绝大多数河流最终都是流入海洋的，不管是有害的还是无害的物质，都随河流向海洋集中；油轮破裂或沉没，更在把能严重污染海洋的石油带进海里。在一些地方，人们还向海里倾倒垃圾。海洋本是自然界的聚宝盆和自净池，有些人却在把它当成污水池和垃圾桶。靠近工业发达地区的地中海，早已无渔业可言，很多物种已在此绝灭。我国的渤海由于周围城市的扩大和工业的兴起，也出现了这种发展趋势。据监测部门在1998年报告1995年时，渤海已有56%的面积被污染，比十年前扩大了一倍，而且还在扩大。河流湖泊、海洋这些水体本来都有自净化作用，所以大自然中的水总是那样晶莹清澈，现在受到污染而且还在发展，完全是人类行为不慎造成的后果。水圈是一个系统，污染物随着水的运动在其中传播，所以在南极企鹅的组织中也发现了杀虫剂；而波及广大海域的红潮(赤潮)，其源来自城市的污水。这些污水富含生物营养所需的磷、氮等元素和有机物。红潮是因一些红色或褐红色藻类得到丰富营养，迅速生长、数量激增的现象。由于它们过量的繁殖，并在死亡后腐败、消耗大量氧气，影响到别的生物，特别使鱼类不能在此生存。因此水生态环境直接关系到生态的良好发展，直接影响人类的生产生活。

第五节　水灾害防治措施

一、防洪抢险规划

(一)防洪规划概念

防洪规划是开发利用和保护水资源，防治水灾害所进行的各类水利规划中的一项专业规划。它是指在江河流域或区域内，着重就防治洪水灾害所专门制定的总体战略安排。防洪规划除了应该重点提出全局性工程措施方案外，还应提出包括管理、政策、立法等方面在内的非工程措施方案，必要时还应该提出农业耕作、林业、种植等非水利措施作为编制工程的各阶段技术文件、安排建设计划和进行防洪管理、防洪调度等各项水事活动的基本依据。

(二)防洪规划的指导思想和作用

1.防洪规划的指导思想

防洪规划必须以江河流域综合治理开发、国土整治以及国家社会经济发展需要为规划依据，从技术、经济、社会、环境等方面进行综合研究

结合中国洪水灾害的特点，体现在规划的指导思想上，可以概括为正确处理八方面的关系。如正确处理改造自然与适应自然的关系，随着社会、经济的发展，防治洪水的要求越来越高，科技水平和经济实力的提高使我们有能力防御更恶劣的洪水灾害。但另一方面洪水的发生和变化是一种自

然现象，有其自身的客观规律。如果违背自然界的必然规律人类活动有时会成为加重洪水灾害的新因素。所以，防洪建设既要为各方面建设创造条件，也要考虑防治洪水的实际条件和可能。

2.防洪规划的作用

（1）江河流域综合规划的重要组成部分。防洪规划一般都和江河流域综合规划同时进行，使单项防洪规划成为拟定流域综合治理方案的依据，而拟定后的综合治理方案又对防洪规划进行必要调整。

（2）国土整治规划的重要组成部分。我国是一个洪水灾害比较严重的国家，防治洪水是国土整治规划中治理环境的一项重要的专项规划。它既以国土整治规划提出的任务要求为依据，又在一定程度上对国土整治规划安排，如拟定区域经济发展方向、城镇布局和些重大设施安排，起到约束作用。

（3）国家和地区安排水利建设的重要依据。为使规划能更好地为不同建设时期的计划服务，通常需要在规划中确定近期和远景水平年。一般以编制规划后10～15年为近期水平，以编制规划后20～30年为远景水平，水平年的划分应尽可能与国家发展规划的分期一致。

（4）防洪工程可行性研究和初步设计工作的基础。在规划过程中，一般要对近期可能实施的主要工程兴建的可行性，包括工程江河治理中的地位和作用、工程建设条件、大体规模、主要参数、基本运行方式和环境影响评价等进行初步论证，使以后阶段的工程可行性研究和初步设计有所遵循。

（5）进行水事活动的基本依据。江河河道及水域的管理、工程运行、防洪调度、非常时期特大洪水处理以及有关防洪水事纠纷等往往涉及不同地区、部门的权益和义务，只有通过规划，才能协调好各方面的关系。

（三）防洪标准

防洪标准是指通过采取各种措施后使防护对象达到的防洪能力，一般以防洪对象所能防御的一定重现期的洪水表示。

防洪标准的高低要考虑防护对象在国民经济中地位的重要性，如人口财富集中的特大城市。防洪标准的选定还取决于人们控制自然的可能性，包括工程技术的难易、所需投入的多少。防洪标准越高，投入越多，承担风险越小。

（四）防洪规划的内容

（1）确定规划研究范围，一般以整个流域为规划单元。一个流域洪水组成有其内部联系和规律，只有把整个流域作为研究对象，才能全面治理洪水灾害。

（2）分析研究江河流域的洪水灾害成因、特性和规律，调查掌握主要河道及现有防洪工程的状况和防洪、泄洪能力。

（3）根据洪水灾害严重程度，不同地区的理条件、社会经济发展的重要性，确定不同的防护对象及相应的防洪标准。

（4）根据流域上中下游的具体条件，统筹研究可能采取的蓄、滞、泄等各种措施；结合水资源的综合开发，选定防洪整体规划方案，特别是拟定起控制作用的骨干工程的重大部署。对重要防护地区、河段还应制定防御超标准洪水的对策措施。

（5）综合评价规划方案实施后的可能影响，包括对经济、社会、环境等的有利与不利的影响。

（6）研究主要措施的实施程序，根据需要与可能，分轻重缓急，提出分期实施建议提出不同实施阶段的工程管理、防洪调度和非工程措施的方案。

（五）防洪规划的编制方法和步骤

防洪规划的编制工作一般都分阶段进行。一般的编制程序包括问题识别、方案制定影响评价和方案论证四个步骤。

1.问题识别

（1）确定规划范围和分析存在问题。在收集整理以往的水利调查、水利区划和有关防护林及其他水利规划成果的基础上，有针对性地进行广泛的调查研究，确定规划范围。收集整理有关自然地理、自然灾害、社会经济以及以往水利建设和防治洪水、水资源利用现状的资料，明确规划范围内存在的问题和各方面对规划的要求。

（2）做好预测。规划水平年，即实现规划特定目标的年份，水平年的划分一般要与国家发展规划的分期尽量一致。规划目标具体的规划目标必须要满足：一是具体的衡量标准即评价指标，以评价规划方案对规划目标的满足程度；二是结合规划地区的具体情况，以某些约束条件作为附加条件。如规划地区的特殊政策或有关社会习俗规定等。

2.方案制定

在规划目标的基础上，主要进行的工作有：

（1）根据不同地区洪水灾害的严重程度地理条件和社会经济发展的重要性，进行防护对象分区，并根据国家规定的各类防护对象的防洪标准幅度范围，结合规划的具体条件，通过技术论证，选定相应的防洪标准。

（2）拟定现状情况与延伸到不同水平年的可能情况，即无规划措施下的比较方案。

（3）研究各种可能采取的措施。

（4）拟定实现不同规划目标的措施组合。

（5）进行规划方案的初步筛选。

3.影响评价

对初步筛选出的几个可比方案要进行影响评估分析，预期各方案实施后可能产生的经济、社会、环境等方面的影响，进行鉴别、描述和衡量。

社会和环境影响是规划中社会、环境目标体现，这两类大多难以采用货币衡量，只能针对特定问题的性质以某些方面的得失作为衡量标准。

4.方案论证

在各方案影响评价的基础上，对各个比较方案进行综合评价论证，提出规划意见，供决策参考。主要工作包括：

（1）评价规划方案对不同规划目标的实现程度。

（2）拟定评价准则，进行不同方案的综合评价。

（3）推荐规划方案和近期主要工程项目实施安排。近期工程选择原则上应能满足防护对象迫切的要求，较好地解决流域内生存的主要问题，同时工程所需资金、劳力与现实国民经济水平相适应。

二、山洪治理措施

防治山洪，减轻山洪灾害，主要是通过变产流、汇流条件，采取调洪、滞洪和排洪相结合的措施来实现。

1.山洪防治工程措施

（1）排洪道

控制山洪的一种有效方式是使沟槽断面有足够大的排洪能力，可以安全地排泄山洪洪峰流量，设计这样的沟槽的标准是山洪极大值。如加宽现有沟床、清理沟道内障碍物和淤积物、修建分洪道等措施都可增大沟槽宣泄能力。

（2）排洪道的护砌

排洪道在弯道、凹岸、跌水、急流槽和排洪道内水流流速超过土壤最大容许流速的沟段上，或经过房屋周围和公路侧边的沟段及需要避免渗漏的沟段时，需要考虑护砌。

（3）截洪沟

暴雨时，雨水挟带大量泥沙冲至山脚下，使山脚下或山坡上的建筑物受到危害。为此设置截洪沟以拦截山坡上的雨水径流，并引至安全地带的排洪道内。截洪沟可在山坡上地形平缓、地质条件好的地带设置，也可在坡脚修建。

（4）跌水

在地形比较陡的地方，当跌差在1m以上时，为避免冲刷和减少排洪渠道的挖方量，在排洪道下游常修建跌水。科技名词定义，连接两段高程不同的渠道的阶梯式跌落建筑物。

（5）谷坊

谷坊是在山谷沟道上游设置的梯级拦截低坝，高度一般为1~5m，作用是：抬高沟底侵蚀基点，防止沟底下切和沟岸扩张，并使沟道坡度变缓；拦蓄泥沙，减少输入河川的固体径流量；减缓沟道水流速度，减轻下游山洪危害；坚固的永久性谷坊群有防治泥石流的作用；使沟道逐段淤平，形成可利用的坝阶地。

（6）防护堤

位于沟道两岸，可以增加两岸高度，提高沟道的泄流能力，保护沟道两岸不受山洪危害，同时也起到约束洪水、加大输沙能力和防止横向侵蚀、稳定沟床的作用。城镇、工矿企业、村庄等防护建筑物位于山区沟岸上，背山面水，常采用防护堤工程措施来防止山洪危害。

(7) 丁坝

丁坝是一种不与岸连接、从水流冲击的沟岸向水流中心伸出的一种建筑物。

(8) 其他防治工程措施

1) 水库。修建水库, 把洪水的一部分水暂时加以容蓄, 使洪峰强度得以控制在某一程度内, 是控制山洪行之有效方法之一。山区一般修建小型水库, 并挖水塘以起到防治山洪的作用。

2) 田间工程。田间工程措施是山洪防治、水土保持的重要措施之一, 也是发展山区农业生产的根本措施之一。田间工程措施多样, 主要有梯田、培地埂、水簸箕、截水坑停垦等。修梯田是广泛使用的基本措施。

2.山洪防治非工程措施

防御山洪灾害的非工程措施是在充分发挥工程防洪作用的前提下, 通过法令、政策、行政管理、经济手段和其他非工程技术手段, 达到减少山洪灾害损失的措施。

三、涝灾的防治

1.农业除涝系统

农田排水系统是除涝的主要工程措施, 其作用是根据各类农作物的耐淹能力, 以及排除农田中过多的地面水和地下水, 减少淹水时间和淹水深度, 控制土壤含水量, 为农作物的正常生长创造一个良好的环境。

按排水系统的功能可分为田间排水系统和主干排水系统。

(1) 田间排水系统

田间排水系统的功能是排除平原洼地的积水以防止内涝, 或截留并排除坡面多余径流以避免冲刷, 也可用于降低农田的地下水位以减少渍害。

1) 平地田间排水系统: 地面坡度不超过2%, 其排水能力相对较弱, 在暴雨发生时易受涝成灾。平地的田间排水系统可采用明沟排水系统和暗沟排水系统。

2) 坡地排水系统: 当地面坡度不超过2%可作为坡地处理。从坡面上下泄的流量有可能造成下游农田的洪涝灾害。为了防止坡地的径流对下游平地的洪涝灾害, 应在坡地的下部区域修建引水渠道或截洪沟, 把水引入主干排水系统。

（2）主干排水系统

主干排水系统的主要功能是收集来自田间排水系统的出流，迅速排至出口。

2.城市内涝治理

对于城镇地区排水，除建立管渠排水系统外，还需采用一些辅助性工程措施，包括把公园、停车场、运动场等地设计得比其他地方低一点，暴雨时把水暂时存在这里，就不会影响正常的交通，像北欧的挪威，市区修得不是很整齐，他们的做法是多在市区建设绿地，发挥绿地的渗水功能，进行雨水量平衡，实现防灾减灾的作用。

一些国家还建设一些暂时储水的调节池，等下完雨再进行二次排水。我们在实践方面还是有一定的差距，总是出现问题，它受到关注，存在的问题才能得到解决。这是被动的应对措施，结果也是被动的。

需要建立多层监管体系：一是设计行业需依照规范做事，规范必须严谨且有前瞻性；二是加强市场监管，既要保障投资走向和可持续性，又要确定保险公司的责任；三是制定配套法律和有约束力的城市规划，落实财政投入，设定建设和改善的时间表，如此可以依法依规划行政问责，取得实效。

四、风暴潮及灾害性海浪防治措施

1.加强沿海防护工程

（1）海堤及防汛墙建设

50多年来，国家采取了修筑防潮海堤、海塘、挡潮闸，准备蓄滞潮区，建立沿海防护林，加强海上工程及船舶的防浪设计等措施。

（2）建立海岸防护网

在适宜海岸地区建立海岸带生态防护网，在海滩种植红树林、水杉、水草等消浪植物。实行退耕还海政策，建立海岸带缓冲区，减缓风暴潮和灾害性海浪向沿海陆地推进的速度。利用洼地、河网等调蓄库容纳潮水，降低沿海高潮位，保护城市及重点保护区安全减少人为破坏，限制沿岸地下水开采，调控河流入海泥沙等。

2.加强海洋减灾科学研究，保持人与自然的和谐相处

海岸带和近岸海域是各种动力因素最复杂的地区，同时又是经济活动最为发达的地区，随着人类对海洋资源的不断开发和利用，海上工程建设如果考虑不当，将会在一定程度上引发海洋灾害。从目前看，人类对海洋资源的无节制索取和不正确利用，是造成海洋灾害日益增加的重要因素。因此，约束人类的行为，保护自然环境，科学合理地开发利用海洋，是当务之急。

3.加强和完善海洋灾害的防御系统

(1)加强对海洋灾害的立体监测。

由于海洋灾害多数带有突发性特点，不可能把预报的时效提的很高，而只能靠快速的电信手段取得某些地区灾害警报的时效。必须采用各种先进技术，对各类海洋灾害，尤其是风暴潮和灾害性海浪的发生、发展、运移和消亡，以及影响它们的各种因素进行连续的观测和监视。

(2)建立海洋灾害防治指挥系统。

(3)建立和完善海上及海岸紧急救助组织。

建立一支装备精良、训练有素的现代海上救助专业队伍，以实现快速、机动、灵活的紧急救助，同时发展行业部门的自救能力，最大限度地减少人员伤亡和财产损失。

4.减轻海洋灾害的行政性及法律性措施

总体来讲，现行法律、法规中的海洋减灾观念仍相当薄弱，更未能把减轻海洋灾害作为海洋、海岸带管理的出发点和归宿。今后，需把减灾观念纳入海洋管理的基本点，并借鉴国际上的经验，制定专门的海洋减灾法律、法规和制度等，以适应我国海洋减灾工作的发展。

5.加强海洋减灾的教育和训练

五、泥石流防治措施

(一)泥石流的预报

根据泥石流形成条件和动态变化，预测、报告、发布泥石流灾害的地区、时间、强度，为防治泥石流灾害提供依据。泥石流预报通常是对一条

泥石流沟进行的预报，有时是对一个地区或流域的预报。根据预报时间分为中长期预报、短期预报、临近预报（有时称为泥石流警报）。随着泥石流研究水平的不断提高，泥石流预报方法和手段越来越丰富和先进。常用的有：遥感技术，统计分析模型，仪器动态监测等。

（二）泥石流的治理

1.如何减轻泥石流灾害

（1）利用泥石流普查成果，在城镇、公路、铁路及其他大型基础设施规划阶段，避开泥石流高发区。

（2）对已经选定的建设区和线性工程地段开展地质环境评价工作，在工程设计建设阶段，采取必要的措施，避免现有的泥石流灾害，预防新的泥石流灾害的产生。

（3）对现有的泥石流沟开展泥石流监测、预警报和"群测、群防"工作，减少泥石流发生造成的人员伤亡。

（4）对危害性较大，有治理条件和治理费的泥石流沟进行治理，或为处于泥石流危害区内的重要建筑物建设防护工程。

（5）将处于泥石流规模大，又难以治理的泥石流危险区的人员和设施搬迁至安全的地方。

（6）保护生态环境，预防新的泥石流灾害的发生。

2.如何治理泥石流沟

泥石流沟治理一般采取综合治理方案，常用的治理措施包括生物措施和工程措施。

（1）工程措施

泥石流治理的工程措施可简单概括为"稳、拦、排"。

稳：在主沟上游及支沟上建谷防群，防止沟道下切，稳定沟岸，减少固体物质来源。拦：在主沟中游建泥石流拦沙坝，拦截泥沙和漂木，削减泥石流规模和容重。堆积在拦沙坝上游的泥沙还可以反压坡脚，起到稳定作用。排：在沟道下游或堆积扇上建泥石流排导槽，将泥石流排泄到指定地点，防止保护对象遭受泥石流破坏。

在泥石流沟治理中，根据治理目标，可采取一种措施或多种措施综合运用。工程措施见效快，但投资大，并有一定的运行年限限制。

(2) 生物措施

泥石流治理的生物措施主要指保护、恢复森林植被和科学地利用土地资源，减少水土流失，恢复流域内生态环境，改善地表汇流条件，进而抑制泥石流活动。大多数泥石流沟生态环境极度恶化，单纯采用生物措施难以见效，必须采取生物措施与工程措施相结合，方能取得较好的治理效果。

对泥石流沟实行严格的封禁，禁止在流域内开荒种地、放牧、采石、采矿等一切有可能引起水土流失和山体失稳的各种人类活动。

因地制宜，植树种草，迅速恢复植被。如在流域上游营造水源涵养林，中游营造水土保持林，下游营造各种防护林。

调整农业生产结构，增加农民收入，解决农村能源问题。如陡坡退耕还林，坡改梯不稳定的山体上水田改为旱地，大力发展经济林和薪炭林。

六、抗旱措施

旱灾是我国主要的自然灾害之一，旱灾较其他灾害遍及的范围广，持续的时间长，对农业生产影响最大。严重的旱灾还影响工业生产、城乡生活和生态环境，给国民经济造成重大损失。

不论是解决农业缺水问题还是解决城市缺水问题，最根本的途径不外乎开源和节流两种。由于农业用水与城市用水在用水性上存在较大差异，分别讨论农业抗旱措施和城市抗旱措施。

1. 农业抗旱措施

(1) 开辟新水源措施

在水资源不足的地区，应千方百计开辟新的水源，以满足灌溉抗旱用水。这方面的途径有：修建蓄水工程，跨流域调水工程，人工增雨，咸水资源的利用，污水利用，雨水利用。

(2) 节水灌溉技术

节约用水和科学用水，可以提高水资源的利用率，使有限的水资源发挥最大的经济效益。农田供水从水源到形成作物产量要经过三个环节：一是由水源输入农田转化为土壤水分；二是作物吸收土壤内的水分，将土壤水转化为作物水；三是通过作物复杂的生理生化过程，使作物水参与经济产量的形成。在农田水的三次转化中，每一环节都有水的损失，都存在节水潜力。

1）渠道防渗和管道输水技术。

2）地面灌溉改进技术。

3）喷灌和微喷技术。

涌流灌溉：时断时续地向灌水沟或畦田进行间歇放水的一种灌溉方法。

（3）节水抗旱栽培措施

1）深耕深松。

2）选用抗旱品种。

3）增施有机肥。

4）覆盖保墒。

（4）化学调控抗旱措施

1）保水剂

2）抗旱剂

2.城市抗旱措施

上述修建蓄水工程、跨流域调水、人工增雨、咸水利用、污水回用、雨水利用等措施同样适用于城市抗旱。对沿海城市，海水也是一种很好的替代品（如冷却用水、洗涤用水、消防用水等，也可淡化处理后再使用）。我国城市应致力于节约用水、城市工业节水和生活节水，加大管理制度，提高民众思想意识，从根源上降低城市旱灾发生的可能性。

七、水生态环境灾害防治措施

水域生态系统的退化与损害的主要原因是人类活动干扰的结果，水域生态系统具有一定抵御和调节自然和人类活动干扰的能力，只要干扰因素能得到控制并采取相应的改善措施，退化或受损的水域生态系统的正常结构与功能就会得到恢复。

1.河流生态修复

（1）缓冲区域的生态修复

河流缓冲区域指河水—陆地边界处的两边，直至河水影响消失为止的地带，包括湿地、湖泊、草地、灌木、森林等不同类型景观，呈现出明显的演替规律。

人为活动对河流缓冲区的干扰以及大中型水库的修建，使得河床刷深、改变了河道的自然形态等；河道内的浅滩和深塘组合的消失，使河流连续的能量储存和消能平衡失调，从而破坏了大型无脊椎动物、鱼类的栖息以及产卵场所。河岸两岸植被的破坏，使得水土流失严重，改变当地气候，增加了泥沙的入河量和入海量，同时，大量的水土流失以及水流对河岸的冲刷，使边坡和堤岸的稳定性和保护性变差。因此，河流缓冲区域的主要恢复措施包括稳定堤岸、恢复植被、改变河床形态，通过改变河流的水力学和生物学特征，实现河流生态系统的恢复。

(2)河流水生生物群落恢复

河流生态系统的生物群落恢复包括水生植物、底栖动物、浮游生物、鱼类等的恢复在河流水体污染得到有效控制以及水质得到改善后，河流生物群落的恢复就变得相对容易，可通过自然恢复或进行简单的人工强化，必要时采用人工重建措施。

(3)河流曝气复氧

溶解氧在河水自净过程中起着非常重要的作用，并且水体的自净能力与曝气能力有关。河水中的溶解氧主要来源于大气复氧和水生植物的光合作用，其中大气复氧是水体溶解氧的主要来源。

曝气生态净化系统以水生生物为主体，辅以适当的人工曝气，建立人工模拟生态处理系统，降低水体中的污染负荷、改善水质，是人工净化与天然生态净化相结合的工艺。曝气生态系统中的氧气主要来源有人工曝气复氧、大气复氧和水生生物通过光合作用传输部分氧气等三种途径。

2.污染湖泊的修复技术

(1)湖滨带生态修复

湖滨带是湖泊水域与流域陆地生态系统间生态过渡带，其特征由相邻生态系统间之间相互作用的空间、时间及强度所决定。湖滨带是湖泊重要的天然屏障，不仅可以有效滞留陆源输入的污染物，同时还具有净化湖水水质的功能。湖滨带生态修复是湖泊修复的重要内容，其目的是恢复湖泊的完整性。湖滨带生态恢复是运用生态学的基本理论，通过生境物理条件改造、先锋植物培育、种群置换等手段，使受损退化湖滨带重新获得健康，并使之成为有益于人类生存的生态系统。

（2）污染湖泊的水生生态修复

湖库水生植物系统一般由沉水植物群落、浮叶植物群落、漂浮植物群落、挺水植物群落及湿生植物群落共同组成。

沉水植物群落：生长于河川、湖泊等底且不露出水面的水生植物。

浮叶植物：根附着在底泥或其他基质上、叶片漂浮在水面的植物。繁殖器官有在空中、水中或漂浮水面的，如睡莲等。

漂浮植物又称完全漂浮植物，是根不着生在底泥中，整个植物体漂浮在水面上的一类浮水植物。这类植物的根通常不发达，体内具有发达的通气组织，或具有膨大的叶柄（气囊），以保证与大气进行气体交换，如槐萍、浮萍、凤眼莲等。

挺水植物：即植物的根、根茎生长在水的底泥之中，茎、叶挺出水面。常分布于 $0 \sim 1.5m$ 的浅水处，其中有的种类生长于潮湿的岸边。这类植物在空气中的部分，具有陆生植物的特征；生长在水中的部分（根或地下茎），具有水生植物的特征。常见的有芦、蒲草、荸荠、莲、水芹、茭白荀、荷花、香蒲。

湿生植物：在潮湿环境中生长，不能忍受较长时间水分亏缺的植物。

水生植物具有重要的生态功能。水生植物所组成的完整、生长茂盛的湖泊通常水质清澈、生态稳定，而水生植物受损的湖泊则水质浑浊、湖泊生态脆弱。

污染负荷超过湖泊环境自净能力时，剩余营养盐导致湖泊生态系统变化为"藻型浊水状态"。通过大型水生植物的生态修复，就是要在"藻型浊水状态"的基础上，建立草型、清水型的湖泊生态系统。由湖泊多态理论可知，实现这一过程的前提是要先削减外源营养盐负荷量，同时还要采取多种措施降低湖泊水体的营养水平。

（3）生物操纵技术

生物操纵技术包括经典生物操纵法和非经典生物操纵法。"非经典"生物操纵与"经典"生物操纵不同之处在于，"非经典"方法的放养鱼类是食浮游植物的滤食性鱼类（鲢鳙），通过鱼类的直接牧食减少藻类生物量，从而达到控制湖泊富营养化（藻花大面积爆发）的目的。其核心是控制过量繁殖的藻类，特别是控制蓝藻水花。该方法成功运用于武汉东湖。"经典的"生物操纵是依靠浮游植物（主要是大型枝角类）的牧食压力控制藻类生物量，某种意义上，营养盐只是从湖泊一个营养库暂时地转移到另一个营养库，而这些营养盐的一部分肯定将再循环而被光合作用利用。"非经典"生物操作中用于控制藻类的主要是营养层次低的鲢、鳙，这些鱼类生长周期短并且易于捕捞，通过捕捞可以从湖泊系统中移出营养盐。

3.水生生态环境修复的生态指导原则

生态修复是把已经退化的生态系统恢复到与其原来的系统功能和结构相一致或近似一致的状态。因此，对于水域生态系统的恢复，需要从生态学的角度考虑以下问题。

（1）现有湿地与湖泊生态系统的保存与保持。现有相对尚未遭到破坏的生态系统对于保存生物多样性至关重要，它可以为受损生态系统的恢复提供必要生物群和自然物质。

（2）恢复生态完整性。生态恢复应该尽可能把已经退化的水生生物生态系统的生态完整性重新建立起来。生态完整性是指生态系统的状态，特别是其结构、组合和生物共性及环境的自然状态。

（3）恢复或修复原有的结构和功能。适度地重新建立原有结构，在生态修复过程中，应优先考虑那些已不复存在或消耗了的生态功能。

（4）兼顾流域内生态景观。生态恢复与生态工程应该有一个全流域的计划，而不能仅仅局限于水体退化最严重的部分。通常局部的生态修复工程无法改变全流域的退化问题。生态工程是指应用生态系统中物质循环原理，结合系统工程的最优化方法设计的分层多级，利用物质的生产工艺系统，其目的是将生物群落内不同物种共生、物质与能量多级利用、环境自净和物质循环再生等原理与系统工程的优化方法相结合，达到资源多层次和循环利用的目的。如利用多层结构的森林生态系统增大吸收光能的面积、利用植物吸附和富集某些微量重金属以及利用余热繁殖水生生物等。

（5）生态恢复要制定明确、可行的目标从生态学与效益角度看，应该是可能达到的，发挥区域自然潜能和公众支持。从经济学角度看，对于技术问题、资金来源、社会效益等各种因素必须加以综合考虑。

（6）自然调整与生物工程技术相结合。水域生态的自然调整与恢复也是非常关键的一个环节，在对一个恢复区进行主动性改造之前，应首先确定采用被动修复的方法。例如减少或限制退化源的发生扩展并让其有时间恢复。生物工程，是 20 世纪 70 年代初开始兴起的一门新兴的综合性应用学科。所谓生物工程，一般认为是以生物学 (特别是其中的微生物学、遗传学、生物化学和细胞学) 的理论和技术为基础，结合化工、机械、电子计算机等现代工程技术，充分运用分子生物学的最新成就，自觉地操纵遗传物质，定向地改造生物或其功能，短期内创造出具有超远缘性状的新物种，再通过合适的生物反应器对这类"工程菌"或"工程细胞株"进行大规模的培养，以生产大量有用代谢产物或发挥它们独特生理功能一门新兴技术。

八、实例分析

中国 1998 年洪水灾害案例数据库是在 WINDOWS 平台和 FOXPRO6. 0 的支持下建成的，共有 2320 条记录，约 7. 6 万个数据。其中，长江流域大洪水案例约 1400 多条记录含 4. 6 万多个数据；松嫩流域大洪水案例含约 380 多条记录，约 1. 4 万个数据；其他各流域的洪水记录 500 多条，1. 6 万多个数据。

(一) 数据来源

中国 1998 年洪水灾害案例库的数据可分为两种，即属性数据和空间数据。洪水灾害属性数据采集是依据自然灾害系统原理设置的，其中洪水灾害孕灾环境的雨情数据来源于 1998 年的气象观测和分析数据；致灾因子的水情数据主要来源于水文站监测数据；承灾体的人口经济数据主要来源于人口统计和经济统计，以及土地测量等部门；灾情数据来源于民政部门等的有关报告。同时还参考了遥感监测部门对洪水的实时监测，以及各种专业性报刊对洪水的报道和描述。空间数据以县域为基本单元，流域为第 1 级区域单元，考虑到行政上的统一管理，同时在灾害形成过程中，某一处的灾害将影响到整个行政管理区域的经济。因此，1998 年洪水灾害案例数据库中的基本单元采用面和点的叠加，即经济单元县域和自然单元流域叠加，这里的流域数据以水文站点存储，做到点和面的结合，经济系统和自然系统的结合。

（二）数据库的结构

依据自然灾害系统原理，考虑到洪水灾害案例数据库的要求和数据的特点，中国1998年洪水灾害案例数据库分成六大部分，即承灾体数据库、孕灾环境雨情数据库、致灾因子水情数据库、灾情数据库、人类响应数据库等五大属性数据库以及空间数据库。

（三）数据库的精度处理

由于测量技术的进步和多种媒体的引入，灾害案例数据库的数据精度有了很大提高。数据库中数据误差主要来源于两个方面：一是媒体报道对内容进行取舍，造成信息的缺失；二是收集报刊资料时的人为作用，造成信息的重复或不真实。对于观测性数据，采用权威化处理。由于多种媒体对水情等数据的报道不一致。我们以水利部门的数据和资料为准。利用报刊资料建立的洪水灾害案例数据库作出的水位过程曲线和水利部门所作出的水位过程曲线相比较，发现二者基本一致。这就说明了1998年洪水灾害案例数据库对洪水的整个过程有很强的表现力。对于灾情地点和范围的确认采用最大化处理，即只要报道某地有灾害发生，或者对某个区域进行过致灾描述，我们则认为该区域有灾害发生。对于灾情等方面的统计性数据采用平均化处理。自然灾害案例数据库的时间精度可以精确到时或分，表达一次灾害发生的连续过程。

（四）中国1998年洪水灾害基本特征

1.洪水灾害分布范围

由中国1998年洪水灾害案例数据库编制的洪水灾害分布范围，可以认为1998年洪水灾害具有影响范围大、持续时间长、灾情重的特点，全国共有29个省（自治区、直辖市）遭受了不同程度的洪涝灾害，32个县遭受水灾。此外，还具有南北同时发生特大洪水的特点：南部主要集中于长江流域的干流两岸，以及洞庭湖和鄱阳湖两大湖泊的周边地区；北方主要集中于松嫩流域，值得注意的是与长江流域历史大洪水相比，1998年洪水淹没的范围要小得多。1931年长江下几乎全部受淹，1954年洪水淹没面积317

万 hm², 1998年长江中下游淹没总面积为32.1万 m², 是1954年的10.1%。

2.雨情特征

利用雨情数据库可以分析一次洪水灾害发生的气候背景孕灾环境, 1998年的雨情特征为降水量大、持续时间长、降水强度大。总的来说, 长江流域1998年降水较大, 一般都在600mm以上, 但与1954年相比, 除了重庆和成都的降水量偏大一些, 其他的几个站点均小于1954年的降水量, 说明1998年长江流域的降水主要集中于上游地区。1998年松嫩流域的降水量较历史时期要大, 除齐齐哈尔和哈尔滨水文站测得的降水量比历史上的1957年低外, 其他水文站均高于1957年的6～8月总降水量, 林东水文站1998年测得的降水量达到1957年的2.8倍。因此, 在1998年的洪水灾害中, 降水量偏多、降水比较集中是引起大型洪涝灾害的直接原因。同时, 南方和北方的6～8月的降水量有一定的差别, 南方降水量大, 但与历史同期相比偏小; 北方的降水量与历史同期相比则要大。

3.水情特征

水位高且持续超警戒水位时间长。大部分水文站水位超警戒水位时间长达2个多月, 是1998年洪水水情的一大特征。长江流域各站点的水位均高居不下, 长沙水文站水位高达39.18m, 高出警戒水位4.18m; 城陵矶水文站的水位高达35.94m, 高出警戒水位3.94m, 益阳和沙市水文站的水位与其他水文站水位相比, 相对较低, 但是也超出警戒水位1.91和2.22m。由于降水量1998年明显增多, 松嫩流域水位迅猛上涨, 均超过警戒水位, 同盟、齐齐哈尔、江桥和大赉水文站的水位分别达到170.69m、149.30m、142.37m 和131.47m, 分别超过警戒水位0.4m、2.30m、1.93m 和3.29m, 超过历史实测最高水位0.25m、0.69m、1.61m 和1.27m。

4.灾情特征

1998年洪水灾情严重, 但死亡人口少, 全国受灾面积2.6万 hm², 成灾面积1.6万 hm², 受灾人口2.3亿人, 死亡人口4150人, 倒塌房屋685万间, 直接经济损失2551亿元, 其中长江流域的江西、湖南、湖北, 松嫩流域的黑龙江、内蒙古和吉林等省区受灾最重。20世纪90年代的各次洪水灾害的损失具有逐次增大、人口死亡逐次减少的趋势, 1998年的洪水所造成的损失除了死亡人口相对较少外, 其他的各类损失均达到20世纪90年代以来的最大值。

5.人类响应特征

1998 年洪水灾害中，人类表现出很强的防灾、减灾意识，这次灾害牵动着全国上下从中央到地方、从国家领导人到老百姓所有人的心，投入的抢险物资种类多、数量大，总价值达到 130 多亿元。各地人民纷纷捐款捐物，捐款总额达到 35 亿多元，捐物折款达到 37 亿多元。

第五章　节水理论与技术

第一节　节水内涵

2011年中央一号文件《中共中央国务院关于加快水利改革发展的决定》中指出"水是生命之源，生产之要，生态之基。我国水利面临的形势更趋严峻，强化水资源节约保护工作越来越繁重，不断深化水利改革，加快建设节水型社会，促进水利可持续发展。"可见，节约用水已受到社会范围内的广泛重视。节水的含义深广，不仅仅局限于用水的节约，还包括水资源（地表水和地下水）的保护、控制和开发，并保证其可获得的最大水量得到合理经济利用，也有精心管理和文明使用水资源之意。

传统意义上的节水主要是指采取现实可行的综合措施，减少水资源的损失和浪费，提高用水效率与效益，合理高效地利用水资源。随着社会和技术的进步，节水的内涵也在不断扩展，至今仍未有公认的定论。沈振荣等提出真实节水、资源型节水和效率型节水的概念，认为节水就是最大限度地提高水的利用率和生产效率，最大限度地减少淡水资源的净消耗量和各种无效流失量。陈家琦等认为，节约用水不仅是减少用水量和简单的限制用水，而且是高效的、合理的充分发挥水的多功能和一水多用，重复利用，即在用水最节省的条件下达到最优的经济、社会和环境效益。

我国《节水型城市目标导则》对城市节水作了如下定义："节约用水，指通过行政、技术、经济等管理手段加强用水管理，调整用水结构，改进用水工艺，实行计划用水，杜绝用水浪费，运用先进的科学技术建立科学的用水体系，有效地使用水资源，保护水资源，适应城市经济和城市建设持续发展的需要"。该定义更接近英文中的"Water Conservation"。在这里，节约用水的含义已经超脱了节省用水量的意义，内容更广泛，还包括有关水资源立法、水价、管理体制等一系行政管理措施，意义上更趋近于"合理用水"或"有效用水"。

"节约用水"重要的是强调如何有效利用有限的水资源，实现区域水资源的平衡。其前提是基于地域性经济、技术和社会的发展状况。毫无疑问，如果不考虑地域性的经济与生产力的发展程度，脱离技术发展水平，很难采取经济有效的措施，以保证"节约用水"的实施。"节约用水"的关键在于根据有关的水资源保护法律法规，通过广泛的宣传教育，提高全民的节水意识；引入多种节水技术与措施、采用有效的节水器具与设备，降低生产或生活过程中水资源的利用量，达到环境、生态、经济效益的一致性与可持续发展的目标。

综合起来，"节约用水"可定义为：基于经济、社会、环境与技术发展水平，通过法律法规、管理、技术与教育手段，以及改善供水系统，减少需水量，提高用水效率，降低水的损失与浪费，合理增加水可利用量，实现水资源的有效利用，达到环境、生态、经济效益的一致性与可持续发展。

节水不同于简单的消极的少用水，是依赖科学技术进步，通过降低单位目标的耗水量实现水资源的高效利用。随着人口的急剧增长和城市化、工业化及农业灌溉对水资源需求的日益增长，水资源供需矛盾日益尖锐。为解决这一矛盾，达到水资源的可持续利用，需要节水政策、节水意识和节水技术三个环节密切配合；农业节水、工业节水、城市节水和污水回用等多管齐下，以便达到逐步走向节水型社会的前景目标。

节水型社会注重使有限的水资源发挥更大的社会经济效益，创造更良好的物质财富和良好的生态效益，即以最小的人力、物力、财力以及最少水量来满足人类的生活、社会经济的发展和生态环境的保护需要。节水政策包括多个方面，其中制定科学合理的水价和建立水资源价格体系是节水政策的核心内容。合理的水资源价格，是对水资源进行经济管理的重要手段之一，也是水利工程单位实行商品化经营管理，将水利工程单位办成企业的基本条件。目前，我国水资源价格的定价太低是突出的问题，价格不能反映成本和供求的关系也不能反映水资源的价值，供水水价核定不含水资源本身的价值。尽管正在寻找合理有效的办法，如新水新价、季节差价、行业差价、基本水价与计量水价等，但要使价格真正起到经济管理的杠杆作用仍然很艰难。此外，由于水资源功用繁多，完整的水资源价格体系还没有形成。正是由于定价太低，价格杠杆动力作用低效或无效，节约用水成为一句空话。建立合理的、有利于节水的收费制度，引导居民节约用水、科学用水。提倡生活用水一水多用，积极采用分质供水，改进用水设备。不断推进工业节水技术改造，改革落后的工艺与设备，采用循环用水与污水再生回用技术措施，建立节水型工业，提高工业用水重复利用率。推广现代化的农业灌溉方法，建立完善的节水灌溉制度。逐步走向节水型社会，是解决21世纪水资源短缺的一项长期战略措施。特别是当人类花费了大量的人力、物力、财力而只能获得少量的可利用量的时候，节水就变得越来越现实、迫切。

第二节　生活节水

一、生活用水的概念

生活用水是人类日常生活及其相关活动用水的总称。生活用水包括城镇生活用水和农村生活用水。城镇生活用水包括居民住宅用水、市政公共用水、环境卫生用水等，常称为城镇大生活用水。城镇居民生活用水是指用来维持居民日常生活的家庭和个人用水，包括饮用、洗涤、卫生、养花等室内用水和洗车、绿化等室外环境用水。农村生活用水包括农村居民用水、牲畜用水。生活用水量一般按人均日用水量计，单位为L/（人·d）。

生活用水涉及千家用户，与人民的生活关系最为密切。《中华人民共和国水法》规定："开发、利用水资源，应当首先满足城乡居民生活用水。"因此，要把保障人民生活用水放在优先位置。这是生活用水的一个显著特征，即生活用水保证率高，放在所有供水先后顺序中的第一位。也就是说，在供水紧张的情况下优先保证生活用水。

同时，由于生活饮用水直接关系到人们的身体健康，对水质要求也较高，这是生活用水的另一个显著特征。随着经济与城市化进程的不断加快，用水人口不断增加，城市居民生活水平不断提高，公共市政设施范围不断扩大与完善，预计在今后一段时期内城市生活用水量仍将呈增长趋势。因此城市生活节水的核心是在满足人们对水的合理需求的基础上，控制公共建筑、市政和居民住宅用水量的持续增长，使水资源得到有效利用。大力推行生活节水，对于建设节水型社会具有重要意义。

二、生活节水途径

生活节水的主要途径有：实行计划用水和定额管理；进行节水宣传教育，提高节水意识；推广应用节水器具与设备；以及开展城市再生水利用技术等。

1.实行计划用水和定额管理

我国《城市供水价格管理办法》明确规定："制定城市供水价格应遵循补偿成本、合理收益、节约用水、公平负担的原则"。通过水平衡测试，分类分地区制定科学合理的用水定额，逐步扩大计划用水和定额管理制度的实施范围，对城市居民用水推行计划用水和定额管理制度。

科学合理的水价改革是节水的核心内容。要改变缺水又不惜水、用水浪费无节度的状况，必须用经济手段管水、治水、用水。针对不同类型的用水，实行不同的水价，以价格杠杆促进节约用水和水资源的优化配置，适时、适地、适度调整水价，强化计划用水和定额的管理力度。

所谓分类水价，是根据使用性质将水分为生活用水、工业用水、行政事业用水、经营服务用水、特殊用水五类。各类水价之间的比价关系由所在城市人民政府价格主管部门会同同级城市供水行政主管部门结合当地实际情况确定。

居民住宅用水取消"包费制"，是建立合理的水费体制、实行计量收费的基础。凡是取消"用水包费制"进行计量收费的地方都取得了明显效果。合理地调整水价不仅可强化居民的生活节水意识，而且有助于抑制不必要和不合理的用水，从而有效地控制用水总量的增长。全面实行分户装表，计量收费，逐步采用阶梯式计量水价。2011年中央一号文件提出"积极推进水价改革。充分发挥水价的调节作用，兼顾效率和公平，大力促进节约用水和产业结构的调整"，"合理调整城市民生活用水价格，稳定推行阶梯式水价制度"。

若阶梯式水价分为三级，则阶梯式计量水价的计算公式为：

$$P=V_1P_1+V_2P_2+V_3P_3$$

公式中：P 为阶梯式计量水价；V_1 为第一级水量基数；P_1 为第一级水价；V_2 为第二级水量基数；P_2 为第二级水价；V_3 为第三级水量基数；P_3 为第三

级水价居民生活用水第一级水量基数等于每户平均人口乘以每人每月计划平均消费量。第一级水量基数是根据确保居民基本生活用水的原则制定的；第二级水量基数是根据改善和提高居民生活质量的原则制定的；第三级水量基数是按市场价格满足特殊需要的原则制定的。具体各级水量基数由所在城市人民政府价格主管部门结合本地实际情况确定。全国大中城市中，有部分城市已推行了阶梯式水价制度或进行了阶梯式水价制度的试点。其中，大部分城市实行的阶梯式水价分为三级，少数城市实行两级或四级阶梯水价。但由于阶梯式水价制度实施的时间较短，且没有现成的经验供借鉴，因此，运行中也暴露了一些问题。鉴于此，需要科学制定水价级数和级差，合理确定第一级水数量基数和水价，针对水价构成各部分的特点提出阶梯式价格政策，逐步推行城市居民生活用水阶梯式水价制度。

2.进行节水宣传教育，提高节水意识

在给定的建筑给排水设备条件下，人们在生活中的用水时间、用水次数、用水强度、用水方式等直接取决于其用水行为和习惯。通常用水行为和习惯是比较稳定的，这就说明为什么在日常生活中一些人或家庭用水较少，而另一些人或家庭用水较多。但是人们的生活行为和习惯往往受某种潜意识的影响。如欲改变某些不良行为或习惯，就必须从加强正确观念入手，克服潜意识的影响，让改变不良行为或习惯成为一种自觉行动。显然，正确观念的形成要依靠宣传和教育，由此可见宣传教育在节约用水中的特殊作用。应该指出宣传和教育均属对人们思想认识的正确引导，教育主要依靠潜移默化的影响，而宣传则是对教育的强化。

据水资源评价的资料显示，全国淡水资源量的80%集中分布在长江流域及其以南地区，这些地区由于水源充足，公民节水意识淡薄，水资源浪费严重。通过宣传教育，增强人们的节水观念，提高人们的节水意识，改变其不良的用水习惯。宣传方式可采用报刊广播、电视等新闻媒体及节水宣传资料、张贴节水宣传画、举办节水知识竞赛等，另外还可在全国范围内树立节水先进典型，评选节水先进城市和节水先进单位等。

因此，通过宣传教育去节约用水，是一种长期行为，不能指望获得"立竿见影"的效果，除非同某些行政手段相结合，并且坚持不懈。如日本的水资源较贫乏，故十分重视节约用水的宣传教育。日本把每年的

"六·一"定为全国"节水日",而且注意从儿童开始。联合国在1993年作出决定,将每年的3月22日定为"世界水日"。中国水利部将3月22日至28日定为"中国水周"。

3.推广应用节水器具与设备

推广应用节水器具和设备是城市生活用水的主要节水途径之一。实际上,大部分节水器具和设备是针对生活用水的使用情况和特点而开发生产的。节水器具和设备,对于有意节水的用户而言有助于提高节水效果;对于不注意节水的用户而言,至少可以限制水的浪费。

(1)推广节水型水龙头

为了减少水的不必要浪费,选择节水型的产品也很重要。所谓节水龙头产品,应该是有使用针对性的,能够保障最基本流量(例如洗手盆用0.05L/s,洗涤盆用0.1L/s,淋浴用0.15L/s)、自动减少无用水的消耗(例如加装充气口防飞溅;洗手用喷雾方式,提高水的利用率;经常发生停水的地方选用停水自闭龙头;公用洗手盆安装延时、定量自闭龙头)、耐用且不易损坏(有的产品已能做到60万次开关无故障)的产品。当管网的给水压力静压超过0.4MPa或动压超过0.3MPa时,应该考虑在水龙头前面的干管线上采取减压措施,加装减压阀或孔板等,在水龙头前安装自动限流器也比较理想。

当前除了注意选用节水龙头,还应大力提倡选用绿色环保材料制造的水龙头。绿色环保水龙头除了在一些密封的零件材料表面涂装选用无害的材料(曾经使用的石棉、有害的橡胶、含铅的油漆、镀层等都应该淘汰)外,还要注意控制水龙头阀体材料中的含铅量。制造水龙头阀体,应该选择低铅黄铜、不锈钢等材料,也可以采用在水的流经部位洗铅的方法,达到除铅的目的。

为了防止铁管或镀锌管中的铅对水的二次污染以及接头容易腐蚀的问题,现在不断推广使用新型管材,一类是塑料的,另一类是薄壁不锈钢的。这些管材的钢性远不如钢铁管(镀锌管),因此给非自身固定式水龙头的安装带来一些不便。在选用水龙头时,除了注意尺寸及安装方向可用以外,还应该在固定水龙头的方法上给予足够重视,否则会因为经常搬动水龙头手柄,造成水龙头和接口的松动。

（2）推广节水型便器系统

卫生间的水主要用于冲洗便器。除利用中水外，采用节水器具仍是当前节水的主要努力方向。节水器具的节水目标是保证冲洗质量，减少用水量。现研究产品有低位冲洗水箱、高位冲洗水箱、延时自闭冲洗阀、自动冲洗装置等。

常见的低位冲洗水箱多用直落上导向球型排水阀。这种排水阀仍有封闭不严漏水、易损坏和开启不便等缺点，导致水的浪费。近些年来逐渐改用翻板式排水阀。这种翻板阀开启方便、复位准确、斜面密封性好。此外，以水压杠杆原理自动进水装置代替普通浮球阀，克服了浮球阀关闭不严导致长期溢水之弊。

高位冲洗水箱提拉虹吸式冲洗水箱的出现，解决了旧式提拉活塞式水箱漏水问题。一般做法是改一次性定量冲洗为"两挡"冲洗或"无级"非定量冲洗，其节水率在50%以上。为了避免普通闸阀使用不便、易损坏、水量浪费大以及逆行污染等问题，延时自闭冲洗阀应具备延时、自闭、冲洗水量在一定范围内可调、防污染（加空气隔断）等功能，并应便于安装使用、经久耐用和价格合理等。

自动冲洗装置多用于公共卫生间，可以克服手拉冲洗阀、冲洗水箱、延时自闭冲洗水箱等只能依靠人工操作而引起的弊端。例如，频繁使用或胡乱操作造成装置损坏与水的大量浪费，或疏于操作而造成的卫生问题、医院的交叉感染等。

（3）推广节水型淋浴设施

淋浴时因调节水温和不需水擦拭身体的时间较长，若不及时调节水量会浪费很多水，这种情况在公共浴室尤甚，不关闭阀门或因设备损坏造成"长流水"现象也屡见不鲜。集中浴室应普及使用冷热水混合淋浴装置，推广使用卡式智能、非接触自动控制、延时自闭、脚踏式等淋浴装置；宾馆、饭店、医院等用水量较大的公共建筑推广采用淋浴器的限流装置。

（4）研究生产新型节水器具

研究开发高智能化的用水器具、具有最佳用水量的用水器具和按家庭使用功能分类的水龙头。

4.发展城市再生水利用技术

再生水是指污水经适当的再生处理后供作回用的水。再生处理一般指二级处理和深度处理。再生水用于建筑物内杂用时，也称为中水。建筑物内洗脸、洗澡、洗衣服等洗涤水、冲洗水等集中后，经过预处理（去污物、油等）、生物处理、过滤处理、消毒灭菌处理甚至活性炭处理，而后流入再生水的蓄水池，作为冲洗厕所、绿化等用水。这种生活污水经处理后，回用于建筑物内部冲洗厕所其他杂用水的方式，称为中水回用。

建筑中水利用是目前实现生活用水重复利用最主要的生活节水措施，该措施包含水处理过程，不仅可以减少生活废水的排放，还能够在一定程度上减少生活废水中污染物的排放。在缺水城市住宅小区设立雨水收集、处理后重复利用的中水系统，利用屋面、路面汇集雨水至蓄水池，经净化消毒后用水泵提升用于绿化浇灌、水景水系补水、洗车等，剩余的水可再收集于池中进行再循环。在符合条件的小区实行中水回用可实现污水资源化达到保护环境、防治水污染、缓解水资源不足的目的。

第三节　工业节水

一、工业用水的概念及分类

工业用水是指工、矿企业的各部门，在业生产过程（或期间）中，制造、加工、冷却、空调、洗涤、锅炉等处使用的水及厂内职工生活用水的总称。目前我国工业增长速度较快，工业生产过程中的用水量也很大。工业生产取用大量的洁净水，排放的工业废水又成为水体污染的主要污染源，增大了城市用水压力，也增加了城市污水处理的负担。与农业用水相比，工业用水一般对水质较高要求，对供水的保证率也有较高要求。因此，在供水方面，需要有较高保证率的、固定的水源和水厂。

在我国，工业用水占整个城市用水的1/4左右，因此需不断推行工业节水，减小取水量，降低排放量。我国对工业废水的排放有一定的水质标准要求，要求工业厂矿按照水质标准排放废水，即达标排放。

根据工业用水的不同用途，企业内工业水的分类及定义：

A. 生产用水：直接用于工业生产的水，包括间接冷却水、工艺用水和锅炉用水。

a. 间接冷却水：为保证生产设备能在正常温度下工作，用来吸收或转移生产设备的多余热量所使用的冷却水。

b. 工艺用水：用来制造、加工产品以及与制造、加工工艺过程有关的用水。

产品用水：作为产品生产原料的用水。

洗涤用水：对原材料、物料、半成品进行洗涤处理的用水。

直接冷却水：为满足工艺过程需要，使产品或半成品冷却所用与之直接接触的冷却水，包括调温、调湿使用的直流喷雾水。

其他工艺用水：产品用水、洗涤用水、直接冷却水之外的其他工艺用水。

c. 锅炉用水：为工艺或采暖、发电需要产汽的锅炉用水及锅炉水处理用水。

锅炉给水：直接用于产生工业蒸汽进入锅炉的水成为锅炉给水。由两部分组成：回收由蒸汽冷却得到的冷凝水、补充的软化水。

锅炉水处理用水：为锅炉制备软化水时，所需要的再生、冲洗等项目用水。

B. 生活用水：厂区和车间内职工生活用水及其他用途的杂用水。

二、工业用水的特点

我国工业用水的特点主要表现为：

(1) 工业用水量大

目前，我国工业取水量占总取水量的1/4左右，其中高用水行业取水量占工业总取水量60%左右。随着工业化、城镇化进程的加快，工业用水量还将继续增长，水资源供需矛盾将更加突出。

(2) 工业废水排放是导致水体污染的主要原因

工业废水经一定处理虽可去除大量污染，但仍有不少有毒有害物质进入水体造成水体污染，既影响重复利用水平，又威胁一些城镇集中饮用水水源的水质。

(3) 工业用水效率总体水平较低

近年来，我国工业用水效率不断提升，但总体水平较发达国家仍有较大差距。2009年，我国万元工业增加值用水量为116m³，远高于发达国家平均水平。

(4) 工业用水相对集中

我国工业用水主要集中在电力、纺织、石油化工、造纸、冶金等高耗水行业工业节水潜力巨大。加强工业节水，对加快转变工业发展方式，建设资源节约型、环境友好型社会，增强可持续发展能力具有十分重要的意义。加强工业节水不仅可以缓解我国水资源的供需矛盾，而且还可以减少废水及其污染物的排放，改善水环境，因此也是我国实现水污染减排的重要举措。

三、工业用水量计算

工业用水的相关水量可用工业用水量、工业取水量、万元工业产值取水量、单位产品取水量、万元工业增加值取水量等来描述。

1.工业用水量

工业用水量是指工业企业完成全部生产过程所需要的各种水量的总和，包括主要生产用水量、辅助生产用水量和附属生产用水量。主要生产用水量是指直接用于工业生产的总水量；辅助生产用水量是指企业厂区内为生产服务的各种生活用水和杂用水的总用水量。

从另外一个角度讲，工业用水量可以定义为工业取水量和重复利用水量之和，只有在没有重复利用水量使，工业用水量才等于工业取水量。

工业生产的重复利用水量是指工业企业内部，循环利用的水量和直接或经处理后回收再利用的水量，也即各企业所有未经处理或处理后重复使用的水量总和，包括循环用水量、串联用水量和回用水量。应特别注意的是，经处理后回收再利用的水量应指企业通过自建污水处理设施，对达标外排污（废）水进行资源化后，回收利用的水量，所以这部分数量仍属于企业的重复用水量。

2.工业取水量

工业取水量，即为使工业生产正常进行，保证生产过程对水的需要，实际从各种水源（不包括海水、苦咸水、再生水）提取的水量。取水量的范围包括：取自地表水（以净水厂供水计量）、地下水和城镇供水工程的水，以及企业从市场购得的其他水或水的产品（如蒸汽、热水、地热水等），不包括企业自取的海水和苦咸水等，以及企业为外供给市场的水的产品（如蒸汽、热水、地热等）而取得的用水量，是主要生产取水量、辅助生产取水量和附属生产取水量之和。

3.万元工业产值取水量

万元工业产值取水量，即在一定计量时间（年）内，工业生产中每生产一万元的产品需要的取水量。万元工业产值取水量是一项决定综合经济效果的水量指标，它反映了工业用水的宏观水平，可以纵向评价工业用水水平的变化程度（城市、行业、单位当年与上年或历年的对比），从中可看出节约用水水平的提高或降低，在生产工艺相近的同类工业企业范畴内能反映实际节水效率。但由于万元工业产值取水量受产品结构、产业结构、产品价格、工业产值计算方法等因素的影响很大，所以该指标的横向可比性较差，有时难以真实地反映用水效率，不利于科学地评价合理用水程度。

工业行业的万元产值用水量按火电工业和一般工业分别进行统计。火电工业用水指标用单位装机容量用水量（不包括重复利用水量，下同）表示；一般工业用水指标以单位工业总产值用水量或单位工业产值增加值的用水量表示。资料条件好的地区，还应分析主要行业用水的重复利用率、万元产值用水量和单位产品用水量。

4.单位产品取水量

单位产品取水量是企业生产单位产品需要从各种水源（不包括海水、苦咸水、再生水）提取的水量。单位产品取水量是评价一个工业企业乃至一个行业节水水平高低的最准确指标，它比万元工业产值取水量更能全面地反映企业的节水水平，是一种资源类指标而非经济类指标，能够用于同行业企业的横对比，客观地综合反映企业的技术、生产工艺和管理水平的先进程度。

5.万元工业增加值取水量

万元工业增加值取水量，即在工业生产中每生产一万元工业增加值需要的取水量。工业增加值已成为考核国民经济各部门生产成果的代表性指标，并作为分析产业结构和计算经济效益指标的重要依据。因此，万元工业增加值取水量可以反映行业用水效率的高低，也能反映出产业结构调整对工业用水和节水的影响。在确定城市应发展什么样的工业，产业结构应如何调整时，万元工业增加值取水量比万元工业产值取水量更有参考价值，更能全面反映水资源投向产品附加值高、技术密集程度高产业的优化配置水平。

四、工业节水的潜力

工业节水是指通过加强管理，采取技术上可行、经济上合理的节水措施，减少工业取水量和用水量，降低工业排水量，提高用水效率和效益，合理利用水资源的工程和方法。

工业节水的水平可以用各种用水量的高低评价，也可以结合工业用水重复利用率的高低来考察。工业用水重复利用率是在一定的计量时间内、生产过程中使用的重复利用水量与总水量之比。它能够综合地反映工业用水的重复利用程度，是评价工业企业用水水平的重要指标。

以北京市为例，其节水工作较有成就，工业用水的重复利用率逐年提高，万元产值取水量逐年降低。北京市很多行业的工业用水重复利用率已大于90%，接近发达国家水平但也有很多行业的重复利用率尚需进一步提高。

我国很多城市的工业用水重复利用率较低，工业节水工作还有很多潜力可挖。提高工业用水重复利用率，降低万元产值取水量，可以从多方面采取措施，主要包括进行生产用水的节水技术改造、开发节水型生产工艺以及将再生水广泛用于生产工艺等。

五、工业节水途径

工业节水途径主要指在工业用水中采用水型的工艺、技术和设备设施。要求对新建和改建的企业实行采用先进合理的用水设和工艺，并与主体工程同时设计、同时施工同时投产的基本原则，严禁采用耗水量大、用水效率低的设备和工艺流程；对其他企业中的高耗水型设备、工艺通过技术改造，实现合理节约用水的目的。主要的节水技术包括如下几个方面：

1.冷却水的重复利用

工业生产用水中以冷却用水量最多，占工业用水总量的70%左右。从理论和实践中可知，重复循环利用水量越多，冷却用水冷却效率越高，需要补充的新水量就越少，外排废污水量也相应地减少。所以，冷却水重复循环利用，提高其循环利用率，是工业生产用水中一条节水减污的重要途径。

在工厂推行冷却塔和其他制冷技术，可使大量的冷却水得到重复利用，并且投资少见效快。冷却塔和冷却池的作用是将有大量工业生产过程中多余热量的冷却水，迅速降温，并循环重复利用，减少冷却水系统补充低温新水的要求，从而获得既满足设备和工艺对温度条件的控制，又减少了新水的用量的效果。

2.洗涤节水技术

在工业生产用水中，洗涤用水仅次于冷却水的用量，居工业用水量的第2位，约占工业用水总量的10% ~ 20%。尤其在印染、造纸、电镀等行业中洗涤用水有时占总用水量的一半以上，是工艺节水的重点。主要的节水高效洗涤方法与工艺的描述如下：

（1）逆流洗涤工艺

逆流洗涤节水工艺是最为简便的洗涤方法。在洗涤过程中，新水仅从最后一个水洗槽加入，然后使水依次向前一水洗槽流动，最后从第一水洗槽排出。被加工的产品则从第一水洗槽依次由前向后逆水流方向行进。在逆流洗涤工艺中，除在最后一个水洗槽加入新水外，其余各水洗槽均使用后一级水洗槽用过的洗涤水。水实际上被多次回用，提高了水的重复利用率。

（2）喷淋洗涤法

喷淋洗涤法是指被洗涤物件以一定移动速度通过喷洗槽，同时用按一定速度喷出的射流水喷射洗涤被洗涤物件。一般多采取二、三级喷淋洗涤工艺，用过的水被收集到储水槽中并可以逆流洗涤方式回用。这种喷淋洗涤工艺的节水率可达95%。目前这种洗涤方法已用于电镀件和车辆的洗涤。

（3）气雾喷洗法

气雾喷洗主要由特制的喷射器产生的气雾喷洗待清洗的物件。其原理是：压缩空气通过喷射器气嘴时产生的高速气流在喉管处形成负压，同时吸入清洗水，混合后的雾状气水流——气雾，以高速洗刷待清洗物件。

用气雾喷洗的工艺流程与喷淋洗涤工艺相似，但洗涤效率高于喷淋洗涤工艺，更节省洗涤用水。

3.物料换热节水技术

在石油化工、化工、制药及某些轻工业产品生产过程中，有许多反应过程是在温度较高的反应器中进行的。进入反应器的原料（进料）通常需要预热到一定温度后再进入反应器参加反应。反应生成物（出料）的温度较高，在离开反应器后需用水冷却到一定温度方可进入下一生产工序。这样，往往用以冷却出料的水量较大并有大量余热未予利用，造成水与热能的浪费。如果用温度较低的进料与温度较高的出料进行热交换，即可达到加热进料与冷却出料的双重目的。这种方式或类似热交换方式称为物料换热节水技术。

采用物料换热技术，可以完全或部分地解决进、出料之间的加热、冷却问题，可以相应地减少用以加热的能源消耗量、锅炉补给水量及冷却水量。

4.串级联合用水措施

不同行业和生产企业，以及企业内各道生产工序，对用水水质、水温常常有不同的要求，可根据实际生产情况，实行分质供水、串级联合用水等一水多用的循环用水技术。即两个或两个不同的用水环节用直流系统连接起来，有的可用中间的提升或处理工序分开，一般是下一个环节的用水不如上一个环节用水对水质、水温的要求高，从而达到一水多用，节约用水的目的。

串级联合用水的形成，可以是厂内实行循环分质用水，也可以是厂际间实行分质联合用水。厂际间实行分质联合用水，主要是指甲工厂或其某些工序的排水，若符合乙工厂的用水水质要求，可实行串级联合用水，以达到节约用水和降低生产成本的目的。

六、工业用水的科学管理

1.工业取水定额

工业企业产品取水定额是以生产工业产品的单位产量为核算单元的合理取水的标准取水量，是指在一定的生产技术和管理条件下，工业企业生产单位产品或创造单位产值所规定的合理用水的标准取水量。

加强定额管理，目的在于将政府对企业节水的监督管理工作重点从对企业生产过程的用水管理转移到取水这一源头的管理上来即通过取水定额的宏观管理，来推动企业生产这一微观过程中的合理用水，最终实现全社会水资源的统一管理，可持续使用。

工业取水定额是依据相应标准规范制定过程而制定的，以促进工业节水和技术进步为原则，考虑定额指标的可操作性并使企业能够因地制宜，达到持续改进的节水效果。如按照国家标准，造纸产品中，1998年1月1日起建成（新建、改建、扩建）投产的企业或生产线，其取水定额执行A级定额指标，如每吨"印刷书写纸"为35m^3，这样就限定了企业的取水指标，为新、改、扩建企业的合理用水确定了目标。

2.清洁生产

清洁生产又称废物最小化、无废工艺、污染预防等。在不同国家不同经济发展阶段有着不同的名称，但其内涵基本一致，即指在产品生产过程通过采用预防污染的策略来减少污染物的产生。1996年，联合国环境规划署这样定义：清洁生产是一种新的创新性的思想，该思想将整体预防的环境战略持续应用于生产过程、产品和服务中，以增加生态效益和减少人类及环境的风险。这体现了人们思想观念的转变，是环境保护战略由被动反应到主动行动的转变。

（1）清洁生产促进工业节水

清洁生产是一个完整的方法，需要生产工艺各个层面的协调合作，从而保证以经济可行和环境友好的方式进行生产。清洁生虽然并不是单纯为节水而进行的工艺改革，但节水是这一改革中必须要抓好的重要项目之一。为了提高环境效益，清洁生产可以通过产品设计、原材料选择、工艺改革、设备革新、生产过程产物内部循环利用等环境的科学化合理化，大幅度地降低单位产品取水量和提高工业用水重复率，并可减少用水设备，节省工程投资和运行费用与能源，以提高经济效益，而且其节水水平的提高与高新技术的发展是一致的，可见清洁生产与工业节水在水的利用角度上目的是一致的，可谓异曲同工。

(2) 清洁生产促进排水量的减少

由于节水与减污之间的密切联系，取水量的减少就意味着排污量的减少，这正是推行清洁生产的目的。清洁生产包含了废物最小化的概念，废物最小化强调的是循环和再利用，实行非污染工艺和有效的出流处理，在节水的同时，达到节能和减少废物的产生，因此节水与节能减排是工业共生关系，而且，清洁生产要求对生产过程采取整体预防性环境战略，强调革新生产工艺，恰符合工艺节水的要求。

推行清洁生产是社会经济实行可持续发展的必由之路，其实现的工业节水效果与工业节水工作追求的目标是一致的。因此，推行工业节水工作的同时，应关注各行业的清洁生产进程，引导工业企业主动地在推行清洁生产的革新中节水，从而使工业节水融入不同行业的清洁生产过程中。

3.加强企业用水管理，逐步实现节水的法制化

用水管理包括行政管理措施和经济管理措施。采取的主要措施有：制定工业用水节水行政法规，健全节水管理机构，进行节水宣传教育，实行装表计量、计划供水，调整工业用水水价，控制地下水开采，对计划供水单位实行节奖超罚以及贷款或补助节水工程等用水管理对节水的影响非常大，它能调动人们的节水积极性，通过主观努力，使节水设施充分发挥作用；同时可以约束人的行为，减少或避免人为的用水浪费。完善的用水管理制度是节水工作正常开展的保证。

第四节　农业节水

一、农业节水的概念

农业节水是指农业生产过程中在保证生产效益的前提下尽可能节约用水。农业是用水大户，但是在相当一部分发展中国家，农业生产投入低，

技术落后，农田灌溉不合理，水量浪费惊人。因此，农业节水以总量多和潜力大成为节水的首要课题。

目前，我国农业用水约占全国总用水量的60%～70%，农业用水量的90%用于种植业灌溉，其余用于林业、牧业、渔业以及农村人畜饮水等。尽管农业用水所占比重近年来明显下降，但农业仍是我国第一用水大户，发展高效节水农业是国家的基本战略。在谈到农业节水时，人们往往只想到节水灌溉，这一方面是由于灌溉用水在农业用水中占有相当大的比例（90%以上）；另一方面也反映了人们认识上的片面性。实际上，节水灌溉是农业节水中最主要的部分，但不是全部。著名水利专家钱正英指出，农业节水的内容不仅仅是节水灌溉，它主要包括三个层次。第一层次是农业结构的调整，就是农林、牧业结构的配置；第二层次是农业技术的提高，主要是提高植物本身光合作用的效率；第三个层次才是通过节水灌溉，减少输水灌溉中的水量损失。因此应研究各个层次的节约用水，不应当仅限于节水灌溉。

相比于节水灌溉，农业节水的范围更广、更深。它以水为核心，研究如何高效利用农业水资源，保障农业可持续发展。农业节水的最终目标是建设节水高效农业。

除了"农业节水"，还有"节水农业"，两者互有联系，但却是两个概念，内涵和研究重点有差异，不能混淆。节水农业应理解为在农业生产过程中的全面节水，包括充分利用自然降水和节约灌溉两个方面。结合我国实际情况，节水农业包括节水灌溉农业、有限灌溉农业和旱作农业三种。而农业节水，不仅要研究农业生产过程中的节水，还要研究与农业用水有关的水资源开发、优化调配、输水配水过程的节约等。

二、农业节水技术

从水源到形成作物产量要经过以下4个环节：通过渠道或管道将水从水源输送到田间，通过灌溉将引至田间的水分配到指定面积上转化为土壤水，经作物吸收将土壤水转化为作物水，通过作物复杂的生理生化过，使作物水参与经济产量的形成。在农田水的4次转化过程中，每一环节都有水的损失，都存在节水潜力。前两个环节不与农作物吸收和消耗水分的过程直接发生联系。但前两个环节中的节水潜力比较大，措施比较明确，是当前节水灌溉的重点。工程技术节水措施通常指能提高前两个环节中灌溉水利用率的工程性措施，包括渠道防渗技术、管道输水技术、节水型地面灌溉技术、喷灌技术和微灌技术等。

(一) 渠道防渗技术

1.渠道防渗技术的重要性与作用

渠道防渗技术是减少输水渠道透水性或建立不透水防护层的各种技术措施，是灌溉各环节中节水效益最大的一环。目前我国已建渠道防渗工程约55万km，仅占渠道总长的18%，有80%以上的渠道没有防渗，仍是土渠输水，渠系水利用系数平均不到0.5，也就是说，从渠首到田间的引水有一半以上是在输水过程中损失掉的。因此采取渠道防渗技术对渠床土壤处理或建立不易透水的防护层，如混凝土护面、浆砌块石衬砌、塑料薄膜防渗和混合材料防渗等工程技术措施，可减少输水渗漏损失，加快输水速度，提高灌水效率与土渠相比，浆砌块石防渗可减少渗漏损失50%~60%，混凝土护面可减少渗漏损失60%~70%，塑料薄膜防渗可减少渗漏损失70%~80%。

渠道防渗可提高渠系水利用系数，其原因在于：一是渠道防渗可提高渠道的抗冲能力；二是减少渠道粗糙程度，加大水流速度，增加输水能力，一般输水的时间可缩短30%~50%；三是减少渗漏对地下水的补给，有利于对地下水位的控制，防治盐碱化发生；四是减少渠道淤积，防止渠道生长杂草，节省维修费用和清淤劳力，降低灌水成本。

2.渠道防渗主要技术类别

(1) 土料防渗技术

土料防渗的技术原理是在渠床表面铺上一层适当厚度的黏性土、黏砂混合土、灰土、三合土和四合土等材料，经夯实或碾压形成一层紧密的土料防渗层，以减少渠道在输水过程中的渗漏损失。适用于气候温暖无冻害、经济条件较差地区，流速较低的小型渠道及农、毛渠等田间渠道。

采取土料防渗一般可减少渗漏量的60%~90%，并且能就地取材，技术简单，农民易掌握，投资少。因此在今后较长一段间内，仍将是我国中、小型渠道的一种较简便可行的防渗措施。但目前由于我国经济实力增强、防渗新材料和新技术不断问世，应用传统的土料防渗技术正在逐年减少。但是，随着大型碾压机械的应用、土的电化学密实和防渗技术的发展以及新化学材料的研制，也可能会给土料防渗带来生机。

（2）水泥土防渗

水泥土防渗的技术原理是将土料、水泥和水按一定比例配合拌匀后，铺设在渠床表面，经碾压形成一层致密的水泥土防渗层，以减少渠道在输水过程中的渗漏损失。适用于气候温和的无冻害地区。

采取水泥土防渗一般可减少渗漏量的80%~90%，并且能够就地取材，技术简单，易于推广，在国内外得到广泛应用。但因其早期强度和抗冻性较差，随着效果更优的防渗新材料和新技术不断涌现，水泥土防渗大面积推广应用的前景较差。

（3）砌石防渗

砌石防渗的技术原理是将石料浆砌或干砌勾缝铺设在渠床表面，形成一层不易透水的石料防渗层，以减少渠道在输水过程中的渗漏损失。适用于沿山渠道和石料丰富、劳动力资源丰富的山丘地区。

砌石防渗具有较好的防渗效果，可减少渗漏量50%左右。而且具有抗冲流速大、耐磨能力强、抗冻和防冻害能力强和造价低等优点。我国山丘地区所占国土面积很大，石料资源十分丰富，农民群众又有丰富的砌石经验，因此砌石防渗仍有广阔的推广应用前景。但随着劳动力价格的提高，同时浆砌石防渗难以实现机械化施工，且质量不易保证，在劳动力紧缺的地区其应用会受到制约。

（4）混凝土防渗

混凝土防渗的技术原理是将混凝土铺设在渠床表面，形成一层不易透水的混凝土防渗层，以减少渠道在输水过程中的渗漏损失。混凝土防渗对大小渠道、不同工程环境条件都可采用，但缺乏砂、石料地区造价较高。

采取混凝土防渗一般能减少渗漏损失90%~95%以上，且耐久性好寿命长（一般混凝土衬砌渠道可运用50年以上）；糙率小，可加大渠道流速，缩小断面，节省渠道占地；强度高，防破坏能力强，便于管理。混凝土防渗是我国最主要的一种渠道防渗技术措施。

(5) 膜料防渗

膜料防渗的技术原理是用不透水的土工织物 (即土工膜) 铺设在渠床表面，形成一层不易透水的防渗层，以减少渠道在输水过程中的渗漏损失。适用于交通不便运输困难、当地缺乏其他建筑材料的地区，有侵蚀性水文地质条件及盐碱化的地区以及北方冻胀变形较大的地区。

膜料防渗的防渗效果好，一般能减少渗漏损失 90% ~ 95% 以上。具有适应变形能力强；质轻、用量少、方便运输；施工简便、工期短；耐腐蚀性强；造价低 (塑膜防渗造价仅为混凝土防渗的 1/15 ~ 1/10) 等优点。随着高分子化学工业的发展，新型防渗膜料的不断开发，其抗穿刺能力、摩擦系数及抗老化能力得到提高，膜料防渗推广应用前景十分广阔。

(6) 沥青混凝土防渗

沥青混凝土防渗的技术原理是将以沥青为胶结剂，与矿物骨料经过加热、拌和、压实而成的沥青混凝土铺设在渠床表面，形成一层不易透水的防渗层，以减少渠道在输水过程中的渗漏损失。适用于有冻害和沥青资源比较丰富的地区。

采取沥青混凝土防渗一般能减少渗漏损失 90% ~ 95%，并且适应变形能力强、不易老化，对裂缝有自愈能力、容易缝补、造价仅为混凝土防渗的 70%。随着石油化学工业的发展，沥青资源逐渐丰富，沥青混凝土防渗的推广应用前景十分广阔。

(二) 管道输水灌溉技术

1. 管道输水灌溉的重要性与作用

管道输水灌溉是以管道代替明渠输水，将灌溉水直接送到田间灌溉作物，以减少水在输送过程中渗漏和蒸发损失的一种工程技术措施。管道输水灌溉比明渠输水灌溉有明显优点，主要表现在四方面：一是节水，井灌区管道系统水分利用系数在 0.95 以上，比土渠输水节水 30% 左右；二是节能，与土渠输水相比，能耗减少 25% 以上，与喷、微灌技术相比，能耗减少 50% 以上；三是减少土渠占地，提高土地利用率，一般在井灌区可减少占地 2% 左右，在扬水灌区减少占地 3% 左右；四是管理方便，有利于适时适量灌溉。

2.管道输水灌溉的类型

管道输水灌溉按照输配水方式可分为水泵提水输水系统和自压输水系统。水泵提水又分为水泵直送式和蓄水池式，其中水泵直送式多在井灌区，在渠道较高区采用自压输水方式。

按管网形式可分为树状网和环状网。树状网的管网为树枝状，水流从"树干"流向"树枝"，即在干、支和分支管中从上游流向末端，只有分流而无汇流。环状网是通过各节点将管道连成闭合环状。目前国内多采用树状网。

按固定方式分为移动式、半固定式和固定式。移动式的管道和分水设施都可移动，因简便和投资低，多在井灌区临时抗旱用，但劳动强度大，管道易破损；半固定式一般是干管或干、支管固定，由移动软管输水于田间；固定式的各级管道及分水设施均埋在地下，给水栓或分水口直接供水进入田间，其投资较大，但管理方便，灌水均匀。

按管道输水压力可分低压管道系统和非低压管道系统。低压管道系统的最大工作压力一般不超过 0.2MPa，为井灌区多采用；非低压管道系统的工作压力超过 0.2MPa，多在输水量较大或地形高差较大地区应用。

(三)田间灌溉节水技术

田间灌溉节水技术，是指灌溉水（包括降水）进入农田后，通过采用良好的灌溉方法，最大限度地提高灌溉水利用效率灌水技术。良好的灌水方法，不仅能灌水均匀，而且可以节水、节能、省工，保持土壤良好的物理化学性状，提高土壤肥力，获得最佳效益。

田间灌溉节水技术，一般包括改进地面灌水技术，喷灌、微灌等新灌水技术，以及抗旱补灌技术。地面改进灌水技术，包括小畦"三改"灌水技术、长畦分段灌溉、涌流沟灌、膜上沟灌等。新灌水技术包括喷灌、微灌（滴灌、微喷灌、小管出流灌和渗灌等）。因为喷、微灌技术大多通过管道输水，并需一定压力而进行的，故也称为压力灌。

1.改进地面灌水技术

传统的地面灌有畦灌、沟灌、格田淹灌和灌四种形式。地面灌水方法是世界上最古老的，也是目前应用最广泛的灌水技术。据统计，全世界地面灌占总灌溉面积的90%左右，我国98%灌溉面积也是采用地面灌。由于传统地面灌溉技术存在灌溉水损失大，需要劳力多，生产效率低，灌水质量差等问题。因此，改进地面灌水技术已引起人们的重视。这里主要介绍几种改进的地面灌水技术。

(1) 小畦灌溉技术

在自流灌区运用小畦灌溉技术的时候，畦田宽度应该控制在2~3m，畦田长度不超过75m。机井和高扬程提水灌区的畦田宽度应该控制在1~2m，畦田长度控制在30~50m。

(2) 长畦短灌技术

长畦短灌又称长畦分段灌水技术，是长畦划分成一个一个的小段，采用地面纵向输水沟或软管分别对这些小段进行灌溉。采用长畦短灌技术的畦田，畦宽应控制在5~10m之间，畦长可以控制在200m以上，一般在100~400m左右。

(3) 水平畦灌技术

水平畦灌是将田块整理成方形 (或长方形)，以较大的流量入畦，使水流迅速灌满全部田间 (田块) 的一种灌水技术。该技术要求田面比较平整，田面各个方向无坡度，在我国现阶段的水平畦田一般多为0.3亩左右，如果与激光控制平地技术结合进行高精度的土地平整，还可以增大灌溉田块的面积。

(4) 节水型沟灌

节水型沟灌有短沟灌、细流沟灌、隔沟灌等形式。短沟灌的沟长要求，自流灌区一般不超过100m，提水灌区和井灌区一般不超过50m。细流沟灌的灌水沟规格与一般的沟灌相同，只是用小管控制入沟流量，一般流量不大于0.3L/s，水深不超过沟深的一半。

(5) 间歇灌溉技术

间歇灌溉是通过间歇向田块供水，逐段湿润土壤，直到水流推进到灌水末端为止的种节水型地面灌溉新技术。间歇灌溉设备，由波涌阀、控制器、田间输配水管道等组成。与传统的地面灌水不同，采用间歇灌溉技术向田面供水时，不是一次灌水就推进到末端，而是灌溉水在第一次供水输入田面，达一定距离后，暂停供水，当田面水自然落干后，再继续供水，如此分几次间歇反复地向田面供水直至供水到田面末端。这样降低了灌溉过程中灌溉水的渗漏损失，提高了地面灌水的质量。

（6）改进格田灌

格田的长度宜采取 60～120m，宽度宜取 20～40m；山区和丘陵区可根据地形、土地平整及耕作条件等适当调整。格田与格田之间不允许串灌。

2.喷灌技术

喷灌技术是利用专门的设备（动力机、水泵、管道等）将水加压，或利用水的自然落差将有压水通过压力管道送到田间，再经喷洒器（喷头）喷射到空中形成细小的水滴，均匀地散布在农田上，达到灌溉目的。

喷灌几乎适用于灌溉所有的旱作物，如谷物、蔬菜、果树等。既适用于平原区也适用于山丘区；既可用来灌溉农作物又可用于喷洒肥料、农药、防霜冻和防干热风等。但在多风情况下，喷洒会不均匀，蒸发损失增大。为充分发挥喷灌的节水增产作用，应优先应用于经济价值较高、且连片种植集中管理的植物；地形起伏大、土壤透水性强、采用地面灌溉困难的地方。

3.微灌技术

微灌技术是一种新型的最节水的灌溉工程技术，包括滴灌、微喷灌、涌泉灌和地下渗灌。微灌可根据作物需水要求，通过低压管道系统与安装在末级管道上的灌水器，将水和作物生长所需的养分以很小的流量均匀、准确、适时、适量地直接输送到作物根部附近的土壤表面或土层中进行灌溉，从而使灌溉水的深层渗漏和地表蒸发减少到最低限度。微灌常以少量的水湿润作物根区附近的部分土壤，因此主要用于局部灌溉。

（1）滴灌

是通过安装在毛管上的滴头，将水一滴滴、均匀而又缓慢地滴入作物根区土壤中的灌水方式。灌水时仅滴头下的土壤得到水分，灌后沿作物种植行形成一个一个的湿润圈，其余部分是干燥的。由于滴水流量小，水滴缓慢入渗，仅滴头下的土壤水分处于饱和状态外，其他部位的土壤水分处于非饱和状态。土壤水分主要借助毛管张力作用湿润土壤。

（2）微喷灌

采用低压管道将水送到作物根部附近，通过流量为 50～200L/h、工作压力为100~150kPa的微喷头将水喷洒在土壤表面进灌溉。微喷灌一般只湿润作物周围的土地，一般也用于局部灌溉。微喷灌不仅可以湿润土壤，而且可以调节田间小气候。此外，由于微喷头的出水孔径较大，因此比滴灌抗堵塞能力强。

(3) 涌泉灌

也称小管出流灌。是通过安装在毛管上的涌水器或微管形成的小股水流，以涌泉方式涌出地面进行灌溉。其灌溉流量比滴灌和微喷灌大，一般都超过土壤渗吸速度。为了防止产生地面径流，需要在涌水器附近的地表外挖小穴坑或绕树环沟暂时储水。由于出水孔径较大，不易堵塞。

(4) 地下渗灌

地下渗灌是通过埋在地表下的全部管网和灌水器进行灌水，水在土壤中缓慢地浸润和扩散湿润部分土体，故仍属于局部灌溉。

要实施微灌，必须建设微灌系统。微灌统由水源、首部枢纽、输配水管网和灌水器以及流量、压力控制部件和量测仪表等组成。

选用适宜的水源，江河、渠道、湖泊、水库、井、泉等均可作为微灌水源，但其水质需符合微灌要求。

建立首部枢纽，包括水泵、动力机、肥料和化学药品注入设备、过滤设备、控制阀、进排气阀、压力及流量量测仪等。如果有足够自然水头的地方，可不设置水泵和动力机铺设输水管网，包括干管、支管和毛管三管网，通常采用聚乙烯或聚氯乙烯管材。一般干、支管埋入地面以下一定深度，毛管可埋入地下，也可铺设在地面。

选用安装适合的灌水器，包括滴头、微喷头、滴灌带、涌水器和渗水头，应根据使用条件选用。

根据作物的需水规律和微灌系统的运行要求，开启微灌系统进行灌溉。

微灌适用于所有的地形和土壤，特别适用于干旱缺水地区，我国北方和西北地区是微灌最有发展前途的地区，南方丘陵区的经济作物因常受季节性干旱影响也很适宜采用微灌。微灌系统可分为固定式和半固定式两种，固定式常用于宽行作物，半固定式可用于密植的大田作物及宽行瓜类等。

微灌特别适合灌溉干旱缺水地区的经济作物，如新疆地区的棉花滴灌。微灌也很适宜经济林果灌溉，如北方和西北地区的葡、瓜果等适用滴灌；

南方的柑橘、茶叶、胡椒等适用微喷灌；食用菌、苗木、花卉、蔬菜等适用微喷灌。因此，微灌在我国有着广阔的应用前景。

三、农业节水管理

农业节水管理是指根据作物的需水、耗水规律，来控制、调配水源，以最大限度地满足作物对水分的需求，实现区域效益最佳农田水分调控管理。包括节水高效灌溉制度，土壤墒情监测预报技术、灌区量水与输配水调控及水资源政策管理等方面。

（一）节水高效灌溉制度

作物灌溉制度是为了促使农作物获得高产和节约用水而制定的适时、适量地灌水方案。它既是指导农田灌溉的重要依据，也是制定灌溉规划、设计灌溉工程以及编制灌区用水计划的基本依据。作物灌溉制度包括：农作物播种前及全生育期内的灌水次数、灌水时间、灌水定额和灌溉定额等。灌溉次数是指作物生育期内所需灌水的次数。灌溉时期是指每次灌水较适宜的时期。灌水定额是指单位耕地面积上的一次灌水量，而灌溉定额是指单位耕地面积上农作物播种前和全生育期内的总灌水量。灌溉制度的制定，要依赖于灌区内农作物的组成情况和各种农作物的需水量，以及灌区内水源供应情况和农作物生长期内的有效降雨量等因素，通过实验和进行水量平衡计算确定。

节水高效灌溉制度指根据作物需水规律，结合气候、土壤和农业技术条件，把有限的灌溉水在灌区和作物生育期进行优化分配达到高产高效节水的目的。对旱作物可采用非充分灌溉、调亏灌溉、低定额灌溉、储水灌溉等；对水稻可采用浅湿灌溉、控制灌溉等，限制对作物的水分供应，一般可节水 30% ~ 40%，而对产量无明显影响。制定节水高效灌溉制度一般不需要增加投入，只是根据作物生长发育的规律，对灌溉水进行时间上的优化分配，农民易于掌握，是一种投入少、效果显著的管理节水措施。

1.充分供水条件下的节水高效灌溉制度

充分灌溉是指水源供水充足，能够全部满足作物的需水要求，此时的节水高效灌溉制度应是根据作物需水规律及气象、作物生长发育状况和土壤墒情等对农作物进行适时、适量的灌溉，使其在生长期内不产生水分胁迫情况下获得作物高产的灌水量与灌水时间的合理分配，并且不产生地面径流和深层渗漏，既要确保获得最高产量，又应具有较高的水分生产率。

2.供水不足条件下的非充分灌溉制度

非充分灌溉的优化灌溉制度是在水源不足或水量有限条件下，把有限的水量在作物间或作物生育期内进行最优分配，确保各种作物水分敏感期的用水，减少对水分非敏感期的供水，此时所寻求的不是单产最高，而是全灌区总产值最大。

（1）非充分灌溉的经济用水灌溉制度

以经济效益最大或水分生产率最高为目标，确定作物的耗水量与灌溉水量。对华北地区主要农作物非充分灌溉的经济需水量试验研究表明，与充分灌溉相比，每公顷可节水 $30 \sim 40 m^3$，而对产量基本没有影响。

（2）调亏灌溉制度

根据作物的遗传和生物学特性，在生长期内的某些阶段，人为地施加一定程度的水分胁迫（亏缺），调整光合产物向不同组织器官的分配，调控作物生长状态，促进生殖生长控制营养生长的灌溉制度。在山西洪洞实验研究表明，冬小麦采用调亏灌溉，湿润年份灌 1 次水，平水年份灌 2 次水，干旱年份灌 3 次水，灌水定额60mm，产量提高 7% ~ 10%，水分利用效率提高 11% ~ 24%。商丘试验区进行的玉米调亏灌溉试验结果表明，玉米拔节前中度亏水和拔节、抽雄阶段的轻度亏水，光合作用降低不明显，而蒸腾作用降低显著，且复水后，光合作用有超补偿效应，具有节水、增产、提高水分利用效率的生理基础。

（3）根系分区交替隔沟灌溉

每条灌水沟在两次灌水之间对作物根系实行干湿交替，且顺序间隔一条灌水沟供水的灌溉措施。在甘肃武威地区进行了根系分区交替隔沟灌溉的示范推广工作。1998 年在甘肃省民勤大坝乡文二村、田斌村选择了两个示范点，每个示范点面积 $2hm^2$，连片种植、单井控制，并建立重点示范户6 户。1999 年分别在民勤小坝口、大坝乡田斌村、文二村进行了试验与示范，面积近 $6.67hm^2$，玉米次灌水定额 $300m^3/hm^2$，灌溉定额 $2100m^3/hm^2$，比常规沟灌节水 33%，籽粒产量 $11355kg/hm^2$，保持常规沟灌的高产水平，单方水效益2.93kg，比常规增加32%。

(4) 水稻"浅、薄、湿、晒"灌溉制度

在我国南方及北方的一些水稻灌区推广了水稻节水灌溉技术，包括广西推广的水稻"浅、薄、湿、晒"灌溉技术、北方地区推广的"浅、湿"灌溉技术和浙江等地推广的水稻"薄、露"灌溉技术等。其技术要点为：在水稻全生育期需要灌溉的大部分时间内，田面不设水层或只设浅水层，采取湿润灌溉或薄水灌溉，由于田面不设水层或只设薄水层可大幅度降低稻田的渗漏量和水面蒸发量，从而使稻田用水量降低20%～50%，而对产量没有影响。

(二) 土壤墒情监测预报技术

土壤墒情监测预报技术是指用张力计、中子仪、电阻等监测土壤墒情，数据经分析处理后，配合天气预报，对适宜灌水时间、灌水量进行预报，可以做到适时适量灌溉，有效地控制土壤含水量，达到节水又增产的目的。土壤墒情监测与灌溉预报技术只需购置必要的仪器设备，对基层农民技术员经技术培训后，即可操作运用，也是一种投入较低，效果比较显著的管理节水技术。

(1) 烘干法

用取土管插入土中取样，称其重量，置于烘箱中，在105℃～110℃的温度下，烘干至其重量不再变更时，计算所失去的水分与土样干重量的百分比。此法需有烘箱、取土钻及一定精度的天平，烘干时间最少需8～10h。

(2) 张力计法

先用负压计测定土壤水分的能量，然后通过土壤水分特征曲线间接求出土壤含水量负压计由陶土头、连通管和压力计三部分组成。压力计可采用机械式真空表、压力传感器、水银或水的U形管压力计。陶土头安装在被测土壤中之后，负压计中的水分通过陶土头与周围土壤水分达到平衡，这样就可以通过压力计将土壤水分的势能显示出来。负压计的实际测定范围一般为0～8kPa。

(3) 中子仪法

通过测定土壤中氢原子的数量而间接求得土壤含水量，它主要由快中子源、慢中子探测器和读数控制系统三部分组成。目前中子仪主要有两种类型，一种用于测定深层（地表30cm以下）土壤含水量，另一种用于测表层（小于30cm）土壤含水量。

(4) 时域反射仪（TDR）法

在测定土壤含水量时，主要依赖电缆测试器。时域反射仪通过与土壤中平行电极连接的电缆，传播高频电磁波，信号从波导棒的末端反射到电缆测试器，从而在示波器上显示出信号往返的时间。只要知道传输线和波导棒的长度，就能计算出信号在土壤中传播速度。介电常数与传播速度成反比，而与土壤含水量成正比，即可通过土壤水介质的介电常数，求出土壤的体积含水量。

(5) 遥感法

采用遥感技术测定土壤含水量，主要依据于测定从土壤表面反射或散出的电磁能。随着土壤含水量大小而变化的辐射强度主要受土壤介电特性（折射率）或土壤温度的影响遥感技术根据使用放射波的波长不同而有两种方法：一种是热力法或红外热辐射遥测法其波长是 $10\sim12m$；另一种是微波法，其波长为 $1\sim50m$。微波法一般分为无源微波法和有源微波法，前者是利用放射技术，而后者是利用雷达技术区测定与土壤含水量密切相关的土壤表层介电特性。

(三) 灌区量水与输配水调控技术

灌区量水是指采用量水设备对灌区用水量进行量测，实行按量收费，促进节约用水常用的量水设备有量水堰、量水槽、灌区特种量水器和复合断面量水堰等。随着电子技术、计算机技术的发展，半自动或全自动式量水装置，可大大提高灌区的量水效率和量水精度。灌区量水技术主要有以下几种。

1.利用渠道建筑物量水

利用渠道建筑物量水较为经济简便，但需要事前对不同种类的渠系建筑物逐个进行率定，工作量很大。可用于量水的渠系筑物一般有渠槽、闸、涵、倒虹吸及跌水。

（1）利用渠槽量水

这是一种最简单的量水技术，但精度较差，即选用一般断面尺寸稳定的渠槽，安装水尺，并预先率定水位与渠槽断面积的关系然后用流速仪测定渠道中的稳定流速，即可用断面积乘以流速得出渠道的流量。

（2）利用闸、涵量水

对于具有平面治理启闭式闸门的明渠，可采用其放水的单孔闸、涵量水。根据闸、涵结构及过闸水流状态选用相应公式求得过水流量。

（3）利用渡槽量水

渡槽下游不应有引起槽中壅水或降水的建筑物。测流断面面积及湿周应为渡槽中部进口、出口断面的平均值。水尺应固定在渡槽中部侧壁上，水尺零点应与槽底齐平。过槽流量可利用流量经验公式计算；当渡槽的槽身总长度大于进口前渠道水深的20倍时，槽中流量可按均匀流公式计算流量。

（4）利用跌水（或陡坡）量水

跌水分单口跌水与多口跌水，跌水口的形式有矩形、梯形与台堰式。当进口底与上游渠底齐平或台堰顺水流方向宽度为 $0.67 \sim 2$ 倍堰上水头时，按实用堰公式计算。梯形跌水口、多缺口跌水可采用相应公式计算流量。

2.利用量水堰量水

量水堰量水一般有以下几种形式。

（1）三角形薄壁堰

过水断面为三角形缺口，角顶向下。常用的薄壁三角堰堰顶夹角为 $45°$ 、 $90°$ ，适用于小流量（L/s）。堰口与两侧渠坡的距离 T 及角顶与渠底的高度 P，不应小于最大堰水头 H。根据其出流方式是自由式或是淹没出流选用不同公式计算流量。

（2）矩形薄壁堰

矩形薄壁堰分为无侧收缩和有侧收缩两类。当堰顶宽度（b）与行近渠槽（B）等宽时称为无侧收缩矩形薄壁堰，堰顶宽度小于行近渠槽宽度时为有侧收缩的矩形薄壁堰。堰口宽度 b ≥ 0.15m。根据有无收缩情况选用不同的公式计算流量。

（3）梯形薄壁堰

梯形薄壁堰结构为上宽下窄的梯形缺口，堰口侧边比应为1：4（横：竖）。根据其出流方式是自由流或是淹没流选用不同公式计算流量。

3.利用量水槽量水

量水槽应设置于顺直渠段，上游行进渠段壅水高度不应影响进水口的正常引水，长度一般应大于渠宽的5～15倍；行近渠内水流佛汝德数Fr应小于或等于0.5。槽体应坚固不渗漏，槽体表面平滑光洁。槽体轴线应与渠道轴线一致。量水槽上游不应淤积，下游不应冲刷。水尺零点应用水准仪确定。常用的量水槽有长喉道量水槽（量水槛）、标准巴歇尔量水槽、矩形无喉段量水槽、抛物线形量水槽等。

4.利用量水仪表量水

量水仪器仪表主要有以下几种形式：

（1）水位计

水位计可用于标准断面、堰槽、渠系建筑物等量水设备与设施的水位测量。水位计有浮子式、压力式、超声波式和遥测水位计等，选用水位计应满足有关标准规定的技术指标与精度要求。

（2）水表

水表用于管道量水。水表分为固定式和移动式两种。移动式水表可用于田间测流，水表的周围空气温度在0～40℃。用于灌溉的水表主要有旋翼式和螺翼式两类。最大流量时，水表压力损失应不超过0.1MPa，水平螺翼式水表不应超过0.03MPa。水表流量与水头损失关系曲线由厂家提供。水表口径应按照管道设计流量、水头损失要求及产品水表流量—水头损失曲线选择。在渠道或管道上安装固定水表，宜选用湿式水表，并应设水表井等保护设施。螺翼式水表前应保证有8～10倍公称直径的直管段，旋翼式水表前后，应有不小于0.3m的直管段。水表前应设过滤网，滤水网过水面积应大于水表公称直径对应的截面积。

（3）差压式流量计

差压式流量计由节流件、取压装置和节流件前后直管段等组成。根据节流件的不同推荐用于灌溉系统的差压式流量计有：孔板式流量计、文丘里管流量计及圆缺孔板流量计。可选用相应公式计算流量。

（4）电磁流量计

电磁流量计主要由变送器和转换器及流量显示仪表三部分组成。输出电信号可以模拟电流或电压，以及频率信号或数字信号输给显示仪表、记录仪表进行流量显示、记录和计算。

（5）超声波流量计

超声波流量计由超声波换能器、转换器及流量、水量显示三部分构成。

（6）分流水量计

分流水量计以文丘里管作为节流件和过水主管，在喉管处连接一支管，支管上安装水表，支管进口与上游水体连接，出口与喉管连接。分流水量计分为管道式和渠用式两种管道式分流水量计用于有压管道量水；渠用式分流水量计用于明渠量水，可安置在渠首或渠中。渠道流量大时，可选用并联分流水量计。

（7）旋杯式水量计

旋杯式水量计的构造由量水涵洞和量水仪表两部分组成。量水仪表由旋杯式转子、轮轴和计数表三部分组成。计数表分机械型和电子智能型。旋杯式转子安装在涵洞内，计数表安装在量水涵洞的盖板上。

（四）水资源政策管理

水资源政策管理的核心是水费价格。国内外实践证明，合理的水价不仅是发展节水灌溉的动力，也是水资源管理实现良性循环的关键。

目前，我国的水价改革存在的问题有如下几个方面：

（1）价格形成机制的改革成效有待提高，目前还存在重调（价）轻改（革）甚至以调代改的现象。具体表现为水资源费征收不到位，供水成本不合理的问题仍未解决。

（2）水价总体上仍然偏低，工程供水价格低于供水成本。

（3）水价体系不合理。一方面，原水与成品水差价不合理；另一方面，季节差价不明显。

（4）计量收费方式没有得到普及。目前，全国只有14个省（自治区、直辖市）的50多个城市对居民用水实施了阶梯式水价，两部制水价只在极少数灌区农业供水中试行。加快水价改革，构建多类型水价体系，促进节约用水和水资源可持续利用已经成为一项紧迫任务。

针对上述问题，提出如下改革措施：

(1) 实行高峰负荷定价

由于用水需求存在季节性波动，为了保证高峰用水，所有供水企业都要在日均供水量的基础上再加上一定的备用能力，而备用设备在非高峰时间是基本闲置的。所以，高峰季节供水的边际成本较高，因为所有的设备都投入紧张的运行；而非高峰季节的边际成本较低，因为只有最高效的设备在运转。负高峰的额外供水费用（主要是折旧等固定成本）应集中在高峰用水期的三四个月内，这样就形成了季节差价。季节性水价的使用使水资源的价格和水商品的价值更加接近。在高峰时段提高水价，而在低谷时段降低水价，通过价格杠杆引导用户转移需求，使需求曲线平稳。

(2) 论质水价

不同质量的商品有不同的价格，对一般商品而言，这是人人皆知的规律。水作为一种商品，应按质论价，实行优质优价、劣质低价。在现实生活中，各类用水需求对水质的要求不同，农业灌溉用水、工业用水和居民生活用水对水质的要求依次变高，而现实存在着原水、上水（自来水）、中水（经处理过的废水）和下水（即污水），它们各有用途，并存在一定的替代性。上水、中水、下水三者的用途依次变少，三者的价格弹性也依次变小，如果不同水质的水价构成合理，拉开档次，市场条件成熟，目前以用上水为主的情况必然会有所改变，水资源供求矛盾也会缓解。

(3) 阶梯式计量水价

阶梯式计量水价是根据某一标准，如在城镇按家庭人口，在农村按耕地面积，在工业企业按万元产值等核定基本用水量，在本用量内实行基本水价，以保证用户最起码的生存和基本发展用水的需要，又不使其负担过重。当实际用水超过定额后，对超过定额用水部分加价，并使水价随着用水量的变化而分级加价。

在阶梯式水价下，如果用户消耗水量超过一定的数量，就必须支付高额的边际成本，这属于愿意支付的范围，是消费者选择的结果。如果用户不愿意支付高价，就必将节约用水，杜绝浪费。采用这种分段定价结构，将在一定程度上遏制水资源浪费及水资源低效利用现象，有利于水资源的充分利用和保护，同时还可促进节水技术的开发和应用，从而实现高效用水的目标。

(4) 两部制水价

两部制水价是指把水价划分为容量水价和计量水价两部分。其中，容量水价是指用水户无论用水与否都要交纳的水费，以保障供水工程所需人工费用和维修养护费用，实现供水生产的连续性。计量水价是指按实际用水量计算的收费，以促进用水户节约用水。

第五节　海水淡化

一、海水利用概述

在沿海缺乏淡水资源的国家和地区，海水资源的开发利用越来越得到重视。海水利用包括直接利用和海水淡化利用两种途径。

1.国内外海水利用概况

国外沿海国家都十分重视对海水的利用，美国、日本、英国等发达国家都相继建立了专门机构，开发海水的代用及淡化技术。据统计，全球海水淡化总产量已达到日均 6348 万 t，海水冷却水年用量超过 $7000 \times 10^5 m^3$。美国在 20 世纪 80 年代用于冷却水的海水量就已达到 $720 \times 10^8 m^3/a$，目前工业用水的 20%～30% 仍为海水。日本在 20 世纪 30 年代就开始将海水用于工业冷却水。日本每年直接利用海水 $2000 \times 10^3 m^3$。当今海水淡化装置主要分布在两类地区。一是沿海淡水紧缺的地区，如科威特、沙特阿拉伯、阿联酋、美国的圣迭戈市等国家和地区。二是岛屿地区，如美国的佛罗里达群岛和基韦斯特海军基地，中国的西沙群岛等。

目前我国沿海城市发展速度迅速，城市需水量大，淡水资源严重不足，供需矛盾日益突出。沿海城市的海水综合利用开发是解决淡水资源缺乏的重要途径之一。青岛、大连、天津等沿海城市多年来直接利用海水进行工业生产，节约了大量淡水资源。2010 年全国直接利用海水共计 $488 \times 10^8 m^3$，主要作为火（核）电的冷却用水。

2.海水水质特征

海水化学成分十分复杂，主要是含盐量远高于淡水。海水中总含盐量高达 6000 ~ 50000mg/L，其中氯化物含量最高，约占总含盐量 89% 左右；硫化物次之，再次为碳酸盐及少量其他盐类。海水中盐类主要是氯化钠，其次是氯化镁、硫酸镁和硫酸钙等。与其他天然水源所不同的一个显著特点是水中各种盐类和离子的质量比例基本衡定。

按照海域的不同使用功能和保护目标，我国将海水水质分成四类：第一类，适用于海洋渔业水域，海上自然保护区和珍稀濒危海洋生物保护区。第二类，适用于水产养殖区，海水浴场，人体直接接触海水的海上运动或娱乐区，以及与人类食用直接有关的工业用水区。第三类，适用于一般工业用水区，滨海风景旅游区。第四类，适用于海洋港口水域，海洋开发作业区。具体分类标准可参考《海水水质标准》(GB3097—1997)。

3.海水利用途径

海水作为水资源的利用途径有直接利用和海水淡化后综合利用。直接利用指海水经直接或简单处理后作为工业用水或生活杂用水，可用于工业冷却、洗涤、冲渣、冲灰、除尘、印染用水、海产品洗涤、冲厕、消防等用途。海水经淡化除盐后可作为高品质的用水，用于生活饮用，工业生产等，可替代生活饮用水。

直接取用海水作为工业冷却水占海水利用总量的90%左右。使用海水冷却的对象有：火力发电厂冷凝器、油冷器、空气和氨气冷却器等；化工行业的蒸馏塔、炭化塔煅烧炉等；冶金行业气体压缩机、炼钢电炉、制冷机等；食品行业的发酵反应器、酒精分离器等。

二、海水利用技术

(一) 海水直接利用技术

1.工业冷却用水

工业冷却用水占工业用水量的80%左右，工业生产中海水被直接用作冷却水的用量占海水总用量的90%左右。利用海水冷却的方式有间接冷却和直接冷却两种。其中以间接冷却方式为主，它是一种利用海水间接换热的方式达到冷却目的，如冷却装置、发电冷凝、纯碱生产冷却、石油精炼、动力设备冷却等都采用间接冷却方式。直接冷却是指海水与物料接触冷却或直喷降温冷却方式。在工业生产用水系统方面，海水冷却水的利用有直流冷却和循环冷却两种系统。直流冷却效果好，运行简单，但排水量大，对海水污染严重；循环冷却取水量小，排污量小，总运行费用低，有利于保护环境。海水冷却的优点：①水源稳定，水量充足；②水温适宜，全年平均水温 $0\sim25℃$，利于冷却；③动力消耗低，直接近海取水降低输配水管道安装及运行费用；④设备投资较少，水处理成本较低。

2.海水用于再生树脂还原剂

在采用工业阳离子交换树脂软化水处理技术中，需要用定期对交换树脂床进行再生。用海水替代食盐作为树脂再生剂对失效的树脂进行再生还原，这样既节省盐又节约淡水。

3.海水作为化盐溶剂

在制碱工业中，利用海水替代自来水溶解食盐，不仅节约淡水，而且利用了海水中的盐分减少了食盐原材用量，降低制碱成本。例如，天津碱厂使用海水溶盐，每吨海水可节约食盐 15kg，仅此一项每年可创效益约180万元。

4.海水用于液压系统用水

海水可以替代液压油用于液压系统，海水水温稳定、黏度较恒定，系统稳定，使用海水作为工作介质的液压系统，构造简单，不需要设冷却系统、回水管路及水箱。海水液压传动系统能够满足一些特殊环境条件下的工作，如潜水器浮力调节、海洋钻井平台及石油机械的液压传动系统。

5.冲洗用水

海水简单处理后即可用于冲厕。香港从20世纪50年代末开始使用海水冲厕，通过进行海水、城市再生水和淡水冲厕三种方案的技术经济对比，最终选择海水冲厕方案。我国北方沿海缺水城市，天津、青岛、大连也相继采用海水冲厕技术，节约了淡水资源。

6.消防用水

海水可以作为消防系统用水，应用时应注意消防系统材料的防腐问题

7.海产品洗涤

在海产品养殖中，海水用于海带、海鱼、虾、贝壳类等海产品的清洗加工。用于洗涤的海水需要进行简单的预处理，加以澄清以去除悬浮物、菌类，可替代淡水进行加工洗涤，节约大量淡水资源。

8.印染用水

海水中一些成分是制造染料的中间体，对染整工艺中染色有促进作用。海水可用于印染行业中煮炼、漂白、染色和漂洗等工艺，节约淡水资源和用水量，减少污染物排放量。我国第一家海水印染厂1986年建于山东荣成石岛镇，该厂采用海水染色纯棉平纹，比淡水染色工艺节约染料、助剂约30%~40%；染色牢固度提高两级，节约用水1/3。

9.海水脱硫及除尘

海水脱硫工艺是利用海水洗涤烟气，并作为 SO_2 吸收剂，无须添加任何化学物质，几乎没有副产物排放的一种湿式烟气脱硫工艺。该工艺具有较高的脱硫效率。海水脱硫工艺系统由海水输送系统、烟气系统、吸收系统、海水水质恢复系统、烟气及水质监测系统等组成，海水不仅可以进行烟气除尘，还可用于冲灰。国内外很多沿海发电厂采用海水作冲灰水，节约了大量淡水资源。

(二) 海水淡化技术

海水淡化是指除去海水中的盐分而获得淡水的工艺过程。海水淡化是实现水资源利用的开源增量技术，可以增加淡水总量，而且不受时空和气候影响，水质好、价格渐趋合理。淡化后海水可以用于生活饮用、生产等各种用水领域。目前，已有100多个国家在应用海水淡化技术，海水淡化日产量 $3775 \times 10^4 m^3$，国内海水淡化实际产水量日均 $24 \times 10^4 m^3$。到2020年，海水利用对解决沿海地区缺水问题的贡献率将达26%~37%。

不同的工业用水对水的纯度要求不同。水的纯度常以含盐量或电阻率表示。含盐量指水中各种阳离子和阴离子总和，单位为 mg/L 或%。电阻率指 $1cm^3$ 体积的水所测得的电阻，单位为欧姆厘米（$\Omega \cdot cm$）。根据工业用水水质不同，将水的纯度分为四种类型。

淡化水，一般指将高含盐量的水如海水，经过除盐处理后成为生活及生产用的淡水。脱盐水相当于普通蒸馏水。水中强电解质大部分已去除，剩余含盐量约为 1~5mg/L。25℃时水的电阻率为 0.1~1.0MΩ·cm。

纯水，亦称去离子水。纯水中强电解质的绝大部分已去除，而弱电解质也去除到一定程度，剩余含盐量在 1mg/L 以下，25℃时水的电阻率为 1.0~10MΩ·cm。

高纯水又称超纯水，水中的电解质几乎已全部去除，而水中胶体微粒微生物溶解气体和有机物也已去除到最低的程度。高纯水的剩余含盐量应在 0.1mg/L 以下，25℃时，水的电阻率在 10MΩ·cm 以上。理论上纯水（即理想纯水）的电阻率应等于 18.3MΩ·cm（25℃时）。

目前，海水淡化方法有蒸馏法、反渗透法、电渗析法和海水冷冻法等。目前，中东和非洲国家的海水淡化设施均以多级闪蒸法为主，其他国家则以反渗透法为主。

1. 蒸馏法：蒸馏法是将海水加热气化，待水蒸气冷凝后获取淡水的方法。蒸馏法依据所用能源、设备及流程的不同，分为多级闪蒸、低温多效和蒸汽压缩蒸馏等，其中以多级闪蒸工艺为主。

2. 反渗透法：反渗透法指在膜的原水一侧施加比溶液渗透压高的外界压力，原水透过半透膜时，只允许水透过，其他物质不能透过而被截留在膜表面的过程。反渗透法是 20 世纪 50 年代美国政府援助开发的净水系统。60 年代用于海水淡化。采用反渗透法制造纯净水的优点是脱盐率高，产水量大，化学试剂消耗少，水质稳定，离子交换树脂和终端过滤器寿命长。由于反渗透法在分离过程中，没有相态变化，无须加热，能耗少，设备简单，易于维护和设备模块化，正在逐渐取代多级闪蒸法。

3. 电渗析法：电渗析法是利用离子交换膜的选择透过性，在外加直流电场的作用下使水中的离子有选择的定向迁移，使溶液中阴阳离子发生分离的一种物理化学过程，属于一种膜分离技术，可以用于海水淡化。海水经过电渗析，所得到的淡化液是脱盐水，浓缩液是卤水。

4. 海水冷冻法：冷冻法是在低温条件下将海水中的水分冻结为冰晶并与浓缩海水分离而获得淡水的一种海水淡化技术。冷冻海水淡化法原理是利用海水三相点平衡原理，即海水汽、液、固三相共存并达到平衡的一个特殊点。若改变压力或温度偏离海水的三相平衡点平衡被破坏，三相会自动趋于一相或两相。真空冷冻法海水淡化技术利用海水的三相点原理，以水自身为制冷剂，使海水同时蒸发与结冰，冰晶再经分离、洗涤而得到淡化水的一种低成本的淡化方法。真空冷冻海水淡化工包括脱气、预冷、蒸发结晶、冰晶洗涤、蒸汽冷凝等步骤。与蒸馏法、膜海水淡化法相比，冷冻海水淡化法腐蚀结垢轻，预处理简单，设备投资小，并可处理高含盐量的海水，是一种较理想的海水淡化技术。海水淡化法工艺的温度和压力是影响海水蒸发与结冰速率的主要因素。冷冻法在淡化水过程中需要消耗较多能源获取的淡水味道不佳，该方法在技术中存在一些问题，影响到其使用和推广。

三、海水利用实例

1.大亚湾核电站——海水代用冷却水

大亚湾核电站位于广东省深圳市西大亚湾北岸，是我国第一个从国外引进的大型核能建设项目。核电站由两台装机容量为 100×10^4 kW 压水堆机组成，总投资 40 亿美元。自 1994 年投产，年发电量均在 100×108 kW·h 以上，运行状况良好。在核电站旁边还建有四台 100×10^4 kW 机组，分别于 2003 年和 2010 年投入运营。大亚湾核电站冷却水流量高达 90m³/s 以上，利用海水冷却。采用渠道输水，取水口设双层钢索拦网以防止轮船撞击。取水流速与湾内水流接近，以减少生物和其他物质的进入。泵站前避免静水区，减少海藻繁殖和泥沙沉积。

2.华能玉环电厂海水淡化工程

华能玉环电厂位于浙江东南部。浙江东南部属于温带气候，海水年平均温度15℃。规划总装机600万kW，现运行有4台100万kW超临界燃煤机组。华能玉环电厂海水利用方式有两种：一种是海水直接利用，另一种是海水淡化利用。

华能玉环电厂直接取原海水作为循环冷却，经过凝汽器后的排水实际水温上升可达9℃，基本满足反渗透工艺对水温的要求。按1440m³/h淡水制水量计算，若过滤装置回收率以90%计，第一级反渗透水回收率以5%计，第二级反渗透水回收率以85%计，则反渗透淡化工程的原海水取用量4200m³/h。

电厂使用的全部淡水，包括工业冷却水、锅炉补给水、生活用水等均通过海水淡化制取。海水淡化系统采用双膜法，即超滤+反透工艺，设计制水能力 1440m³/h，每天约产淡水 35000m³，每年节约淡水资源 $(900 \sim 1200) \times 10^4 m^3$，并可为当地居民用水提供后备用水。

华能玉环电厂海水淡化系统选用了浸没式超滤膜，其性能介于微滤和超滤之间。原海水经过反应沉淀后进入超滤装置处理，其产水再进入超滤产水箱，为后续反渗透脱盐系统待用。

常规的反渗透系统设计中一般需配置热装置，维持 25℃ 的运行温度，以获得恒定的产水量。该厂取来源于经循环冷却水后已升温的海水，基本满足了反渗透工艺对水温的要求，冷却进水加热器，简化系统设备配置、节省投资，同时采用了可变频运行的高压泵，在冬季水温偏低时，可提高高压泵的出口压力，以弥补因水温而引起的产水量降低的缺陷。

超滤产水箱流出的清洁海水通过升压进入 5m 保安过滤器。通过保安过滤器的原水经高压泵加压后进入第一级反渗透膜堆，该单元为一级一段排列方式，配 7 芯装压力容器，单元回收率 45%，脱盐率大于 99%。产水分成两路，一路直接进入工业用水分配系统。由于产水的 pH 值在 6.0 左右，故需在输送管路上对这部分水加碱，以维持合适的 pH 值，减少对工业水管道的腐蚀。另一路进入一级淡水箱，作为二级反渗透的进水。

一级淡化单元中采用了目前国际上先进 PX 型能量回收装置，将反渗透浓水排放的压力作为动力以推动反渗透装置的进水。此时高压泵的设计流量仅为反渗透膜组件进水流量的 45%，而另 55% 的流量只需通过大流量低扬程的增压泵来完成即可。能量回收效率达 95% 以上。经过能量回收之后排出的浓盐水排至浓水池，作为电解海水制取次氯酸钠系统的原料水，由于这部分浓水是被浓缩了 1.8 ~ 2 倍的海水，提高了电解海水装置的效率。电解产品次氯酸钠被进一步综合利用。

一级淡水箱出水通过高压泵直接进入第二级反渗透膜堆，之间设置管式过滤器以除去大颗粒杂质。该单元为一级二段排列方式，配 6 芯装压力容器，单元回收率 85%，脱盐率大于 97%。二级产水直接进入二级淡水箱，作为化学除盐系统预脱盐水、生活用水。浓水被收集后返回至超滤产水箱回用。

第六节　雨水利用

一、雨水利用概述

雨水利用作为一种古老的传统技术一直在缺水国家和地区广泛应用。随着城镇化进程的推进，造成地面硬化，改变了原地面的水文特性，干预了自然的水温循环。这种干预致使城市降水蒸发、入渗量大大减少，降雨洪峰值增加，汇流时间缩短，进而加重了城市排水系统的负荷，土壤含水量减少，热岛效应及地下水位下降现象加剧。

通过合理的规划和设计，采取相应的工程措施开展雨水利用，既可缓解城市水资源的供需矛盾，又可减少城市雨洪的灾害。雨水利用是水资源综合利用中的一项新的系统工程，具有良好的节水效能和环境生态效应。

1.雨水利用的基本概念

雨水利用是一种综合考虑雨水径流、污染控制、城市防洪以及生态环境的改善等要求。建立包括屋面雨水集蓄系统、雨水截污与渗透系统、生态小区雨水利用系统等。将雨水用作喷洒路面、灌溉绿地、蓄水冲厕等，城市杂用水的雨水收集利用技术是城市水资源可持续利用的重要措施之一。雨水利用实际上就是雨水入渗、收集回用、调蓄排放等的总称。主要包括三个方面的内容：入渗利用，增加土壤含水量，有时又称间接利用；收集后净化回用，替代自来水，有时又称直接利用；先蓄存后排放，单纯消减雨水高峰流量。

雨水利用的意义可表现在以下四个方面。

第一，节约水资源，缓解用水供需矛盾。将雨水用作中水水源、城市消防用水、浇洒地面和绿地、景观用水、生活杂用等方面，可有效节约城市水资源，缓解用水供需矛盾。

第二，提高排水系统可靠性。通过建立完整的雨水利用系统（即由调蓄水池、坑塘、湿地、绿色水道和下渗系统共同构成），有效削减雨水径流的高峰流量，提高已有排水管道的可靠性，防止城市洪涝，减少合流制管道雨季的溢流污水，改善水体环境，减少排水管道中途提升容量，提高其运行安全可靠性。

第三，改善水循环，减少污染。强化雨水入渗，增加土壤含水量，增加地下水补给量维持地下水平衡，防止海水入侵，缓解由城市过度开采地下水导致的地面沉降现象；减少雨水径流造成的污染物。雨水冲刷屋顶、路面等硬质铺装后，屋面和地面污染物通过径流带入水中，尤其是初期雨水污染比较严重。雨水利用工程通过低洼、湿地和绿化通道等沉淀和净化，再排到雨水管网或河流，起到拦截雨水径流和沉淀悬浮物的作用。

第四，具有经济和生态意义。雨水净化后可作为生活杂用水、工业用水，尤其是一些必须使用软化水的场合。雨水的利用不仅减少自来水的使用量，节约水费，还可以减少软化水的处理费用，雨水渗透还可以节省雨水管道投资；雨水的储留可以加大地面水体的蒸发量创造湿润气候，减少干旱天气，利于植被生长，改善城市生态环境。

2.国内外雨水利用概况

人类对雨水利用的历史可以追溯到几千年前，古代干旱和半干旱地区的人们就学会将雨水径流贮存在窖里，以供生活和农业生产用水。自20世纪70年代以来，城市雨水利用技术迅速发展。在以色列、非洲、印度、中国西北等许多国家和地区修建了数以千万计的雨水收集利用系统。美国、加拿大、德国、澳大利亚、新西兰、新加坡和日本等许多发达国家也开展了不同规模、不同内容的雨水利用的研究和实施计划。1989年8月在马尼拉举行的第四届国际雨水利用会议上建立了国际雨水利用协会（IRCSA），并且每两年举办一次国际雨水利用大会。

德国是国际上城市雨水利用技术最发达的国家之一。1989年德国就出台了雨水利用设施标准（DIN1989），到21世纪初就已经形成"第三代"雨水利用技术及相关新标准。其主要特征是设备的集成化，从屋面雨水的收集、截留、调蓄、过滤、渗透、提升、回用到控制都有一系列的定型产品和组装式成套设备。德国针对城市不透水地面对地下水资源的负面影响，提出了一项把城市80%的地面改为透水地面的计划，并明文规定，新建小区均要设计雨洪利用项目，否则征收雨洪排水设施费和雨洪排放费。德国有大量各种规模和类型的雨水利用工程和成功实例。例如柏林波茨达默广场Daimlerchrysle区域城市水体工程就是雨水利用生态系统成功范例。主要措施包括建设绿色屋顶，设置雨水调蓄池储水用于冲洗厕所和浇洒绿地，通过养殖动物、水生植物、微生物等协同净化雨水。该水系统达到了人物、环境的和谐与统一。

日本是亚洲重视雨水利用的典范，十分重视环境、资源的保护和积极倡导可持续发展的理念。日本于1963年开始兴建滞洪和储雨水的蓄洪池，许多城市在屋顶修建用雨水浇灌的"空中花园"，在大型建筑物地下建设水池，建设许多小型入渗设施。1992年颁布"第二代城市下水总体规划"正式将雨水渗沟、渗塘及透水地面作为城市总体规划的组成部分，要求新建和改建的大型公共建筑群必须设置雨水就地下渗设施。有关部门对东京附近20个主要降雨区22万 m² 范围进行长达5年的观测和调查后，发现平均降雨量69.3mm的地区"雨水利用"后，其平均出流量由原来的37.95mm降低5.48mm，流出率由51.8%降低到5.4%。

我国雨水利用技术历史悠久。在干旱、半干的西北部地区，创造出许多雨水集蓄利用技术，从20世纪50年代开始利用窖水点浇玉米、蔬菜等。80年代末，甘肃实施"121雨水集流工程"，同一时期宁夏实施"窖窖农业"，陕西省实施了"甘露工程"，山西省实施了"123工程"，内蒙古实施了"112集雨节水灌溉工程"等一系列雨水利用措施。2010年颁布的《雨水集蓄利用工程技术规范》(GB5056—2010)为我国雨水利用提供了标准依据。

近年来随着城市建设发展，我国城市人口年增加，城市化速度加快，城市建成区面积在逐年扩大，城市道路、建筑等下垫面同程度的硬化导致城市雨水径流增大，入渗土壤地下的水量减少。一些城市和地区出现水资短缺、洪涝频繁发生现象，雨水利用是解决这些问题的重要措施之一。

3.雨水水质特征

总体上雨水水质污染主要是由于大气污染，屋面、道路等杂质渗入引起的。城市路面径流雨水的污染常受到汽车尾气、轮胎磨损、燃油和润滑油、路面磨损以及路面沉积污染物的渗入引起，其COD、SS、TN、P和部分重金属的初期浓度和加权平均浓度都比屋面高。一般取前期2~5min降雨所产生的径流量为初期径流量，机动车道初期径流主要污染物浓度范围如下：COD约250~9000mg/L，SS约500~25000mg/L，TN约20~125mg/L。在弃除污染严重的初期径流后，雨水径流污染物浓度逐渐下降。后期径流中主要污染物浓度范围如下：COD约50~900mg/L，SS约50~1000mg/

L，TN 约 5~20mg/L。居住区内道路径流污染物浓度比市政机动车道路要轻。居住小区道路初期径流主要污染物浓度范围如下：COD 约 120~200mg/L，SS 约 200~5000mg/L，TN 约 5~15mg/L 后期径流主要污染物浓度范围如下：CD 约 60~200mg/L，SS 约 50~200mg/L，TN 约 2~10mg/L。屋顶雨水径流污染物主要来源于降雨对大气污染物的淋洗、雨水径流对屋顶沉积物质的冲洗、屋顶自身材料析出物质等途径。沥青油毡屋顶初期径流中 COD 浓度约 500~1750mg/L、SS 浓度约 300~500mg/L、TN 浓度高达 10~50mg/L，瓦屋顶初期径流中 COD 浓度约 100~1200mg/L、SS 浓度约 200~500mg/L、TN 浓度高达 5~15mg/L。总体而言，瓦屋顶初期径流中污染物浓度明显低于沥青油毡屋顶，屋顶材料类型及新旧程度是影响径流水质的根本原因。后期屋面径流中 COD 浓度约 30~100mg/L、SS 浓度约 20~200mg/L、TN 浓度高达 2~10mg/L。雨水经处理后的水质应根据用途决定，其指标应符合国家相关用水标准。雨水经处理后属于低质水不能用于高质水用途。雨水可用于下列用途：景观、绿化、循环冷却系统补水、洗车、地面和道路冲洗、冲厕和消防等。

二、雨水利用技术

雨水利用可以分为直接利用（回用）、雨水间接利用（渗透）及雨水综合利用等。直接利用技术是通过雨水收集、储存、净化处理后，将雨水转化为产品水供杂用或景观用水，替代清洁的自来水。雨水间接利用技术是用于渗透补充地下水。按规模和集中程度不同分为集中式和分散式，集中式又分为干式及湿式深井回灌，分散式又分为渗透检查井、渗透管（沟）、渗透池（塘）、渗透地面、低势绿地及雨水花园等。雨水综合利用技术是采用因地制宜措施，将回用与渗透相结合，雨水利用与洪涝控制、污染控制相结合，雨水利用与景观改善生态环境相结合等。

（一）雨水径流收集

1.雨水收集系统分类及组成

雨水收集与传输是指利用人工或天然集雨面将降落在下垫面上的雨水汇集在一起，并通过管、渠等输水设施转移至存储或利用部位。根据雨水收集场地不同，分为屋面集水式和地面集水式两种。

屋面集水式雨水收集系统由屋顶集水场、集槽、落水管、输水管、简易净化装置、储水池和取水设备组成。地面集水式雨水收集系统由地面集水场、汇水渠、简易净化装置、储水池和取水设备组成。

2.雨水径流计算

雨水设计流量指汇水面上降雨高峰历时内汇集的径流流量，采用推理公式法计算雨水设计流量，应按下式计算。当汇水面积超过 $2km^2$ 时，宜考虑降雨在时空分布的不均匀性和管网汇流过程，采用数学模型法计算雨水设计流量。

$$Q=\phi \times q \times F$$

式中，Q——雨水设计流量，L/s；

Φ——径流系数；

Q——设计暴雨强度，L/ $(s \cdot hm^2)$；

F——汇水面积， hm^2。

3.雨水收集场

雨水收集场可分为屋面收集场和地面收集场。

屋面收集场设于屋顶，通常有平屋面和坡屋面两种形式。屋面雨水收集方式按雨落管的位置分为外排收集系统和内排收集系统。雨落管在建筑墙体外的称为外排收集系统，在外墙以内的称为内排收集系统。

地面集水场包括广场、道路、绿地、坡面等。地面雨水主要通过雨水收集口收集。街道、庭院、广场等地面上的雨水首先经雨水口通过连接管留入排水管渠。雨水口的设置，应能保证迅速有效地收集地面雨水。雨水口及连接管的设计应参照《室外排水设计规范》（GB50014—2006）（2014年）执行。

4.初期雨水弃流

由于径流初期雨污染严重，因此雨水利用时应先弃除初期雨水，再进行处理利用。初期雨水弃流量因下垫面情况而异，可按下式计算：

$$W_q=10 \times \delta \times F$$

式中 Wq——设计初期径流弃流量， m^3；

δ——初期径流厚度，mm，一般屋面取 2~3mm，地面取 3~5mm；

F——汇水面积，hm^2。

（二）雨水入渗

雨水入渗是通过人工措施将雨水集中并渗入补给地下水的方法。其主要功能可以归纳为以下方面：补给地下水维持区域水资源平衡；滞留降雨洪峰有利于城市防洪；减少雨水地面径流时造成的水体污染；雨水储流后强化水的蒸发，改善气候条件，提高空气质量。

1.雨水入渗方式和渗透设施

雨水入渗可采用绿地入渗、透水铺装地面入渗、浅沟入渗、洼地入渗、浅沟渗渠组合入渗、渗透管沟、入渗井、入渗池、渗透管排放组合等方式。在选择雨水渗透设施时，应首先选择绿地、透水铺装地面、渗透管沟、入渗井等入渗方式。

2.雨水入渗量计算

设计渗透量与降雨历时之间呈线性关系。渗透设施在降雨历时 t 时段内设计的渗透量 W_s 按下式计算：

$W_s = \alpha \cdot K \cdot J \cdot A_n \cdot t$

式中 W_s——降雨历时 t 时段内的设计渗透量，m^3；

α——综合安全系数，一般取 $0.5 \sim 0.8$；

K——土壤渗透系数，m/s；

J——水力坡降，若地下水位较深，远低于渗透装置底面时，一般可取 J=1.0；

A_n——有效渗透面积，m^2：

t——渗透时间，s。

4.雨水渗透装置的设置

雨水渗透装置分为浅层土壤入渗和深层入渗。浅层土壤入渗的方法主要包括：地表直接入渗、地面蓄水入渗和利用透水铺装地板入渗等。雨水深层入渗是指城市雨水引入地下较深的土壤或砂、砾层入渗回补地下水。深层入渗可采用砂石坑入渗、大口井入渗、辐射井入渗及深井回灌等方式。

雨水入渗系统设置具有一定限制性，在下列场所不得采用雨水入渗系统：

①在易发生陡坡坍塌、滑坡灾害的危险场所；

②对居住环境和自然环境造成危害的场所；

③自重湿陷性黄土、膨胀土和高含盐土等特殊土壤地质场所。

(三) 雨水储留设施

雨水利用或雨水作为再生水的补充水源时，需要设置储水设施进行水量调节。储水形式可分为城市集中储水和分散储水。

1.城市集中储水

城市集中储水是指通过工程设施将城市雨水径流集中储存，以备处理后回用于城市杂用或消防用水等，具有节水和环保双重功效。

储留设施由截留坝和调节池组成。截留坝用于拦截雨水，受地理位置和自然条件限制难以在城市大量使用。调节池具有调节水量和储水功能。德国从20世纪80年代后期修建大量雨水调节池，用于调节、储存、处理和利用雨水，有效降低了雨水对城市污水厂的冲击负荷和对水体的污染。

2.分散储水

分散储水指通过修建小型水库、塘坝、储水池、水窖、蓄水罐等工程设施将集流场收集的雨水储存，以备利用。其中水库、塘坝等储水设施易于蒸发下渗，储水效率较低。储水池、蓄水罐或水窖储水效率高，是常用的储水设施，如混凝土薄壳水窖储水保存率达97%，储水成本为0.41元/(m3·a)，使用寿命长。

雨水储水池一般设在室外地下，采用耐腐蚀、无污染、易清洁材料制作，储水池中应设置溢流系统，多余的雨水能够顺利排除，储水池容积可以按照径流量曲线求得。径流曲线计算方法是绘制某设计重现期条件下不同降雨历时流入储水池的径流曲线，对曲线下面积求和，该值即为储水池的有效容积。在无资料情况下储水容积也可以按照经验值估算。

4.雨水处理技术

雨水处理应根据水质情况、用途和水质标准确定，通常采用物理法、化学法等工艺组合。雨水处理可分为常规处理和深度处理。常规处理是指经济适用、应用广泛的处理工艺，主要有混凝、沉淀、过滤、消毒等净化技术；非常规处理则是指一些效果好但费用较高的处理工艺，如活性炭吸附、高级氧化、电渗析、膜技术等。

雨水水质好，杂质少，含盐量低，属高品质的再生水资源，雨水收集后经适当净化处理可以用于城市绿化、补充景观水体、城市浇洒道路、生活杂用水、工业用水、空调循环冷却水等多种用途。雨水处理装置的设计计算可参考《给水排水设计手册》。

三、雨水利用实例

1.常德市江北区水系生态治理，穿紫河船码头段综合治理工程

该工程由德国汉诺威水协与鼎蓝水务公司设计实施。穿紫河是常德市内最重要的河流之流经整个市区，但是由于部分河段不加管理的排放污水及倾倒垃圾，导致水质恶劣，同时缺乏与其他河流的连通，没有干净的水源补充，导致生态状态恶劣，影响了市民的居住环境及其生活质量。

该工程设计中雨水处理系统介绍：使用雨水调蓄池和蓄水型生态滤池联合处理污染雨水，让调蓄池设计融入城市景观，减少排入穿紫河的被污染的雨水量。通过地面过滤系统净化被污染的雨水水体，在不溢流的情况下安全的疏导暴雨径流，旱季、雨季及暴雨期间在径流中进行固体物分离，建造封闭式和开放式调蓄池各一处，在穿紫河回水区建造一处蓄水型生态滤池，在非降雨的情况下，对径流进行机械处理（至少300L/s），即沉淀及采用格栅同时/或者自动送往污水处理厂。一般降雨情况下，对来水进行调蓄，通过生态滤池处理然后再排到穿紫河，暴雨时，污水处理厂、调蓄池及蓄水型生态滤池均无法再接纳的来水直接排入穿紫河，通过 KOSIM 模拟程序对必要的调蓄池容积及水泵功率等进行计算。

2.伦敦世纪圆顶的雨水收集利用系统

为了研究不同规模的水循环方案，英国泰晤士河水公司设计了2000年的展示建筑世纪圆顶示范工程。该建筑设计了 $500m^3/d$ 的回用水工程，其中 $100m^3$ 为屋顶收集的雨水初期雨水以及溢流水直接通过地表水排放管道排入泰晤士河。收集储存的雨水利用芦苇床（高度耐盐性德芦苇，其种植密度为4株 $/m^2$）进行处理。处理工艺包括过滤系统、两个芦苇床（每个表面积为 $250m^2$）和一个塘（容积为 $300m^3$）。雨水在芦苇床中通过物理、化学、生物及植物根系吸收等多种机理协同净化作用，达到回用水质的要求。此外，

芦苇床也容易纳入圆顶的景观设计中，取得了建筑与环境的协调统一。

第七节　城市污水回用

城市污水回用是指城市污水经处理后再用于农业、工业、景观娱乐、补充地表水与地下水，或工业废水经处理后再用于工厂内部，以及工业用水的循环使用等。

一、污水回用的意义

1.污水回用可缓解水资源的供需矛盾

中国水资源总量为28000亿 m^3，人均水资源量2220m^3，预测2030年人口增至16亿时，人均水源量将降到1760m^3。按国际一般标准，人均水资源量少于1700m^3为用水紧张国家。因此，我国未来水资源形势是非常严峻的。水已成为制约国民经济发展和人民生活水平提高的重要因素。

一方面城市缺水十分严重，一方面大量的城市污水白白流失，既浪费了资源，又污染了环境，与城市供水量几乎相等的城市污水中，仅有0.1%的污染物质，比海水3.5%的污染物少得多，其余绝大部分是可再利用的清水。当今世界各国解决缺水问题时，城市污水被选为可靠的第二水源，在未被充分利用之前，禁止随意排到自然水体中去。

将城市污水经处理后回用于水质要求较低的场合，体现了水的"优质优用，低质低用"原则，增加了城市的可用水资源量。

2.污水回用可提高城市水资源利用的综合经济效益

城市污水和工业废水水质相对稳定，不受气候等自然条件的影响，且可就近获得，易于收集，其处理利用成本比海水淡化成本低廉，处理技术也比较成熟，基建投资比跨流域调水经济得多。

除实行排污收费外，污水回用所收取的水费可以使污水处理获得有力的财政支持，使水污染防治得到可靠的经济保证。同时，污水回用减少了污水排放量，减轻了对水体的污染，相应降低取自该水源的水处理费用。

除上述增加可用水量、减少投资和运行费用、回用水水费收入、减少给水处理费用外，污水回用至少还有下列间接效益。

因减少污水（废水）排放而节省的排水工程投资和相应的运行管理费用；因改善环境而产生的社会经济和生态效益，如发展旅游业、水产养殖业、农林牧业所增加的效益；因改善环境，增进人体健康，减少疾病特别是癌、致畸、致基因突变危害所产生的种种近远期效益；因回收废水中的"废物"取得的效益和因增进供水量而避免的经济损失或分摊的各种生产经济效益。

二、污水回用的途径

污水再生利用的途径主要有以下几个方面：

1.工业用水

在工业生产过程中，首先要循环利用生产过程产生的废水，如造纸厂排出的白水，所受污染较轻，可作洗涤水回用。如煤气发生站排出的含酚废水，虽有少量污染，但如果适当处理即能供闭路循环使用。各种设备的冷却水都可以循环使用，因此应充分加以利用并减少补充水量。在某些情况下，根据工艺对供水水质的需求关系，作一水多用的适当安排，顺序使用废水，就可以大量减少废水排出。

2.城市杂用水

城市杂用水是指用于冲厕、道路清扫、消防、城市绿化、车辆冲洗、建筑施工等的非饮用水。不同的原水特性、不同的使用目的对处理工艺提出了不同的要求。如果再生利用的原水是城市污水处理厂的二级出水时，只要经过较为简单的混凝、沉淀、过滤、消毒就能达到绝大多数城市杂用的要求。但是当原水为建筑物排水或生活小区排水，尤其包含粪便污水时，必须考虑生物处理，还应注意消毒工艺的选择。

3.景观水体

随着城市用水量的逐步增大，原有的城市河流湖泊常出现缺水、断流现象，大大影响城市景观及居民生活。污水再生利用于景观水体可弥补水源的不足。回用过程应特别注意再生水的氮磷含量，在氮磷含量较高时应通过控制水体的停留时间和投加化学药剂保证其景观功能的实现。同时应关注再生水中的病原微生物和持久性有机污染物对人体健康和生态环境的危害。

4.农业灌溉

污水再生利用于农业灌溉已在世界范围内广泛重视。目前世界上约有 1/10 的人口食用利用污水（或再生水）灌溉的农产品。美国建有 200 多个污水再生利用工程，其利用率已达 70%，其中约 2/3 用于灌溉，灌溉用污水水量占总灌溉水量的 1/5。突尼斯 2000 年再生水灌溉量达 1.25 亿 m^3。约旦大多数城市处理后污水再生利用于农业，灌溉面积近 1.07 万 hm^2。

我国目前的污水再生回用于农业灌溉面积已超过 2000 万亩（133.3 万 hm^2）。污水中含有大量氮、磷等营养物，再生水灌溉农田可充分利用这些营养物。据推算，全国每年排放污水中含有氮、磷相当于 24 亿 kg 硫铵和 8 亿 kg 过磷酸钙。

5.地下回灌

再生水经过土壤的渗滤作用回注至地下称为地下回灌。其主要目的是补充地下水，防止海水入侵，防止因过量开采地下水造成的地面沉降。污水再生利用于地下回灌后可重新提取用于灌溉或生活饮用水。

污水再生利用于地下回灌具有许多优点，例如能增加地下水蓄水量，改善地下水水质，恢复被海水污染的地下水蓄水层，节约优质地表水。同时地下水库还可减少蒸发，把生物污染减少至最小。

三、城市污水回用的水处理流程

城市污水回用是以污水进行一、二级处理为基础的。当污水的一、二级出水水质不符合某种回用水水质标准要求时，应按实际情况采取相应的附加处理措施。这种以污水回收、再用为目的，在常规处理之外所增加的处理工艺流程称为污水深度处理。下面首先介绍污水一级处理与二级处理。

1.一级处理

主要应用格栅、沉砂池和一级沉淀池，分离截留较大的悬浮物。污水经一级处理后，悬浮固体的去除率为 70% ~ 80%，而 BOD5 只去除 30% 左右，一般达不到排放标准，还必须进行二级处理。被分离截留的污泥应进行污泥消化或其他处置。

2.二级处理（生物处理）

在一级处理的基础上应用生物曝气池（或其他生物处理装置）和二次沉

淀池去除废水、污水中呈胶体和溶解状态的有机污染物,去除率可达90%以上,水中的 BOD 含量可降至 20 ~ 30mg/L,其出水水质一般已具备排放水体的标准。二级处理通常采用生物法作为主体工艺。

在进行二级处理前,一级处理经常是必要的,故一级处理又被称为预处理。一级和二级处理法,是城市污水经常采用的处理方法,所以又叫常规处理法。

3.深度处理

污水深度处理的目的是除去常规二级处理过程中未被去除和去除不够的污染物,以使出水在排放时符合受纳水体的水质标准,而在再用时符合具体用途的水质标准。深度处理要达到的处理程度和出水水质,取决于出水的具体用途。

四、阻碍城市污水回用的因素

城市污水量稳定集中,不受季节和干旱的影响,经过处理后再生回用既能减少水环境污染,又可以缓解水资源紧缺矛盾,是贯彻可持续发展战略的重要措施。但是目前污水在普通范围上的应用还是不容乐观的,除了污水灌溉外,在城市回用方面还未广泛应用。其原因主要有以下几个方面:

(1)再生水系统未列入城市总体规划

城市污水处理后作为工业冷却、农田灌溉和河湖景观、绿化、冲厕等用水在水处理技术上已不成问题,但是由于可使用再生污水的用户比较分散,用水量都不大,处理的再生水输送管道系统是当前需重点解决的问题。没有输送再生水的管道,任何再生水回用的研究、规划都无法真正落实。为了保证将处理后的再生水能输送到各用户,必须尽快编制再生水专业规划,确定污水深度处理规模、位置、再生水管道系统的布局,以指导再生水处理厂和再生水管道的建设和管理。

(2)缺乏必要的法规条令强制进行污水处理与回用

目前城市供水价格普遍较低,使用处理后的再生水比使用自来水特别是工业自备井水在经济上没有多大的效益。如某城市污水处理厂规模 16 万 t/d,污水主要来自附近几家大型国有企业,这些企业生活杂用水和循环冷却水均采用地下自备水源井供水,造成水资源的极大浪费,利用污水资源应该说是非常适合的。但是由于没有必要的法规强制推行而且污水再生回用处理费用又略高于自备井水资源费，导致多次协商均告失败，污水资源被白白地浪费。因此，推行污水再生回灌必须配套强制性法规来保证。

(3) 再生水价格不明确

目前，由于污水再生水价格不明确，导致污水再生水生产者不能保证经济效益，污水再生水受纳者对再生水水质要求得不到满足，形成一对矛盾。因此，确定一个合理的污水回用价格，明确再生水应达到的水质标准，保证污水再生水生产者与受纳者的责、权利，是促进污水回用的重要前提。

五、推进城市污水回用的对策

1.城市污水处理统一规划，为城市污水资源化提供前提

世界各大中城市保护水资源环境的近百年经验归结一点，就是建设系统的污水收集系统和成规模的污水处理厂。

城市污水处理厂的建设必须合理规划，国内外对城市污水是集中处理还是分散处理的问题已经形成共识，即污水的集中处理（大型化）应是城市污水处理厂建设的长期规划目标。结合不同的城市布局、发展规划、地理水文等具体情况，对城市污水厂的建设进行合理规划、集中处理，不仅能保证建设资金的有效使用率、降低处理消耗，而且有利于区域和流域水污染的协调管理及水体自净容量的充分利用。

城市生活污水、工业废水要统一规划，工厂废水要进入城市污水处理厂统一处理。因为各工厂工业废水的水质水量差别大，技术水平参差不齐，千百家工厂都自建污水处理厂会造成巨大的人力、物力、财力的浪费。统一规划和处理，做到专业管理，可以免除各大小厂家管理上的麻烦，保障处理程度，各工厂只要交纳水费就可以了。政府环保部门的任务是制定水体的排放标准并对污水处理企业进行监督。

城市污水处理系统是容纳生活污水与城市区域内绝大多数工业废水的大系统（特殊水质如放射性废水除外）。但各企业排入城市下水道的废水应满足排放标准，不符合标准的个别企业和车间须经局部除害处理后方能排入下水道。局部除害废水的水量有限，技术上也很成熟，只要管理跟上是没有问题的。这样才能保证污水处理统一规划和实施，使之有序健康地发

展，并走上产业化、专业化的道路。

2.尽快出台污水再生回用的强制性政策，以确保水资源可持续利用

城市污水经深度处理后可回用于工业作为间接冷却水、景观河道补充水以及居住区内的生活杂用水。

对于集中的居民居住小区和具备使用再生水条件的单位，采取强制措施，要求必须建设并使用中水和再生水。对于按照规定应该建设中水或污水处理装置的单位，如果因特殊原因不能建设的，必须交纳一定的费用和建设相应的管道设施，保证使用城市污水处理厂的再生水。

对于可以使用再生水而不使用的，要按其用水量核减新水指标，超计划用水加价。对使用再生水的单位，其新水量的使用权在一定程度上予以保留，鼓励其发展生产不增加新水。

对于积极建设工业废水和生活杂用水处理回用设施并进行回用的，要酌情减、免征收污水排放费。

3.多方面利用资金，加快污水处理和再生回用工程建设

城市污水处理厂普遍采用由政府出资建设（或由政府出面借款或贷款），隶属于政府的事业性单位负责运行的模式。这种模式具有以下缺点：财政负担过重，筹资困难，建设周期长，不利于环境保护等。如果将污水处理厂的建设与运行委托给具有相应资金和技术实力的环保市政企业，由企业独立或与业主合作筹资建设与运行，企业通过运行收费回收投资。通过这种模式，市政污水处理和回用率有望在今后几年得到大幅度的提高。政府投资、企业贷款，完善排污收费的制度，逐步实现污水处理厂和再生水厂企业化生产。

4.城市自来水厂与污水处理厂统一经营，建立给水排水公司

世界现代经济发展的200多年历程和我国50年经济发展的教训表明，偏废污水处理，就要伤害自然水的大循环，危害子循环、断了人类用水的可持续发展之路。给水排水发展到当今，建立给水排水统筹管理的水工业体系，按工业企业来运行是必由之路。

既然由给水排水公司从水体中取水供给城市，就应将城市排水处理到水体自净能力可接纳的程度后排入水体，全面完成人类向大自然"借用"和"归还"可再生水的循环过程。使其构成良性循环，保证良好水环境和水资

源的可持续利用。

5.调整水价体系，制定再生水的价格

长期以来执行的低水价政策，提供了错的用水导向，节水投资大大超过水费，严重影响了节水积极性。因此，在制定水价时，除合理调整自来水、自备井的水价外，还应制定再生水或工业水的水价，逐步做到取消政府补贴，利用水价这一经济杠杆，促进再生水的有效利用。

六、实例分析

生活节水实例

怎样在日常生活中将节水"进行到底"？下面介绍一些节约家庭生活用水的小妙招。

（1）洗衣节水

手洗比机洗省水。手洗衣服时，如果用洗衣盆洗、清衣服，则每次洗、清衣服比开着水龙头洗要节水200L；机洗衣服时最好满桶再洗，若分开两次洗，则多耗水40L。配合衣料种类适当调整洗涤时间：毛、化学纤维物约5min；木棉、麻类约10min；较脏污衣物约12min。洗少量衣服时，水位不要定得太高。

（2）洗澡节水

淋浴时如果关掉水龙头擦香皂，洗一次澡可以节水30L；洗澡改盆浴为淋浴，安装低流量莲蓬头，将全转式水龙头改换新式1/4转、陶瓷阀芯水龙头。

（3）厕所节水

房屋装修时最好采用节水型马桶。抽水量大的马桶可以放入装满水的矿泉水瓶或加装二段式冲水配件；收集洗衣、洗漱后的水用于冲洗厕所；将卫生间里水箱的浮球向下调整2cm，可根据水箱大小，放2～4个1L容量的水瓶子，每次冲洗可节省水1L；水箱漏水问题最多，要及时更换进出水口橡胶。

（4）洗菜节水

一盆一盆地洗，不要开着水龙头冲，一餐饭可节水5L；淘米水可用于洗菜；刷碗时可先用纸将油污擦去，再用水刷洗。

（5）洗车节水

用水桶盛水洗车，尽量使用洗涤水、洗衣水洗车，不要用水管直接冲洗，洗车时使用海绵与水桶取代水管，可省1/2的用水量；使用节水喷雾水枪冲洗。利用机械自动洗车，洗车水处理循环使用。

（6）生活习惯

刷牙、取洗手液、抹肥皂时要及时关掉水龙头；不要用抽水马桶冲掉烟头和碎细废物；在水压较高的地区，居民可调整自来水阀门控制水压；家中应预备一个收集废水的大桶，收集洗衣、洗菜后的家庭废水冲厕所。

（7）使用节水器具

饭前便后要洗手，洗手的过程也是节水的过程。节水器具种类繁多，有节水型水箱节水龙头、节水马桶等。用新型感应式水龙头可节水。当手离开时，水阀会自动关闭。现在家居用的水龙头，一般都是陶瓷阀芯代以前的铸铁阀，这样的水龙头在短期内不会因阀门磨损而产生跑冒滴漏现象，防止了因漏水而带来的浪费。新型感应式水龙头能做到用水自如，与常规水龙头相比，可节水35%～50%。

与浪费水有关的习惯很多。比如：用抽水马桶冲掉烟头和零碎废物；为了接一杯凉水，而白白放掉许多水；先洗土豆、胡萝卜后削皮，或冲洗之后再摘蔬菜；用水时的间断（开门接客人、接电话、改变电视机频道时），未关水龙头；停水期间，忘记关水龙头；洗手、洗脸、刷牙时，让水总是流着；睡觉之前、出门之前，不检查水龙头；设备漏水，不及时修好。据分析，家庭只要注意改掉不良的习惯，就能节水70%左右。

第八节　取水工程

取水工程是由人工取水设施或构筑物从各类水体取得水源，通过输水泵站和管路系统供给各种用水。取水工程是给水系统的重要组成部分，其任务是按一定的可靠度要求从水源取水井将水送至给水处理厂或者用户。由于水源类型、数量及分布情况对给水工程系统组成布置、建设、运行管理、经济效益及可靠性有着较大的影响，因此取水工程在给水工程中占有相当重要的地位。

一、水资源供水特征与水源选择

（一）地表水源的供水特征

地表水资源在供水中占据十分重要的地位。地表水作为供水水源，其特点主要表现为：

1.水量大，总溶解固体含量较低，硬度一般较小，适合于作为大型企业大量用水的供水水源；

2.时空分布不均，受季节影响大；

3.保护能力差，容易受污染；

4.泥沙和悬浮物含量较高，常需净化处理后才能使用；

5.取水条件及取水构筑物一般比较复杂。

（二）水源地选择原则

1.水源选择前，必须进行水源的勘察。为了保证取水工程建成后有充足的水量，必须先对水源进行详细勘察和可靠性综合评价。对于河流水资源，应确定可利用的水资源量，避免与工农业用水及环境用水发生矛盾；兴建水库作为水源时，应对水库的汇水面积进行勘察，确定水库的蓄水量。

2.水源的选用应通过技术经济比较后综合考虑确定。水源选择必须在对各种水源进行全面分析研究，掌握其基本特征的基础上，综合考虑各方面因素，并经过技术经济比较后确定。确保水源水量可靠和水质符合要求是水源选择的首要条件。水量除满足当前的生产、生活需要外，还应考虑到未来发展对水量的需求。作为生活饮用水的水源应符合《生活饮用水卫生标准》中关于水源的若干规定；国民经济各部门的其他用水，应满足其工艺要求随着国民经济的发展，用水量逐年上升，不少地区和城市，特别是水资源缺乏的北方干旱地区，生活用水与工业用水、工业用水与农业用水、工农业用水与生态环境用水的矛盾日益突出。因此，确定水源时，要统一规划，合理分配，综合利用。此外，选择水源时，还需考虑基建投资、运行费用以及施工条件施工方法，例如施工期间是否影响航行，陆上交通是否方便等。

3.用地表水作为城市供水水源时，其设计枯水流量的保证率，应根据城市规模和工业大用水户的重要性选定，一般可采用90%～97%。

用地表水作为工业企业供水水源时，其设计枯水流量的保证率，应视工业企业性质及用水特点，按各有关部门的规定执行。

4.地下水与地表水联合使用。如果一个地区和城市具有地表和地下两种水源，可以对不同的用户，根据其需水要求，分别采用地下水和地表水作为各自的水源；也可以对各种用户的水源采用两种水源交替使用，在河流枯水期地表水取水困难和洪水期河水泥沙含量高难以使用时，改用抽取地下水作为供水水源。国内外的实践证明，这种地下水和地表水联合使用的供水方式不仅可以同时发挥各种水源的供水能力，而且能够降低整个给水系统的投资，提高供水系统的安全可靠性。

5.确定水源、取水地点和取水量等，应取得水资源管理机构以及卫生防疫等有关部门的书面同意。对于水源卫生防护应积极取得环保等有关部门的支持配合。

二、地表水取水工程

地表水取水工程的任务是从地表水水源取出合格的水送至水厂。地表水水源一般是指江河、湖泊等天然的水体，运河、渠道、水库等人工建造的淡水水体，水量充沛，多用于城市供水。

地表水污水工程直接与地表水水源相联系，地表水水源的种类、水量、水质在各种自然或人为条件下所发生的变化，对地表水取水工程的正常运行及安全性产生影响。为使取水构筑物能够从地表水中按需要的水质、水量安全可靠地取水，了解影响地表水取水的主要因素是十分必要的。

1.影响地表水取水的主要因素

地表水取水构筑物与河流相互作用、相互影响。一方面，河流的径流变化、泥沙运动河床演变、冰冻情况、水质、河床地质与地形等影响因素影响着取水构筑物的正常工作及安全取水；另一方面，取水构筑物的修建引起河流自然状况的变化，对河流的生态环境、净流量等产生影响。因此，全面综合地考虑地表水取水的影响因素。对取水构筑物位置选择、形式确定、施工和运行管理，都具有重要意义。

地表水水源影响地表水取水构筑物运行主要因素有：水中漂浮物的情况、径流变化河流演变及泥沙运动等。

（1）河流中漂浮物

河流中的漂浮物包括：水草、树枝、树、废弃物、泥沙、冰块甚至山区河流中所排放的木排等。泥沙、水草等杂物会使取水头部淤积堵塞，阻断水流；水中冰絮、冰凌在取水口处冻结会堵塞取水口；冰块、木排等会撞损取构筑物，甚至造成停水。河流中的漂浮杂质，一般汛期较平时更多。这些杂质不仅分布在水面，而且同样存在于深水层中。河流中的含沙量一般随季节的变化而变化，绝大部分河流汛期的含沙量高于平时的含沙量。含沙量在河流断面上的分布是不均匀的：一般情况下，沿水深分布，靠近河底的含沙量最大；沿河宽分布，靠近主流的含沙量最大。含沙量与河流流速的分布有着密切的关系。河心流速大，相应含沙量就大；两侧流速小，含沙量相应小些。处于洪水流量时，相应的最高水位可能高于取水构筑物使其淹没而无法运行；处于枯水流量时，相应的最低水位可能导致取水构筑物无法取水。因此，河流历年来的径流资料及其统计分析数据是设计取水构筑物的重要依据。

（2）取水河段的水位、流量、流速等径流特征

由于影响河流径流的因素很多，如气候、地质、地形及流域面积、形状等，上述径流特征具有随机性。因此，应根据河道径流的长期观测资料，计算河流在一定保证率下的各种径流特征值，为取水构筑物的设计提供依据。取水河段的径流特征值包括：①河流历年的最小流量和最低水位；②河流历年的最大流量和最高水位；③河流历年的月平均流量、月平均水位以及年平均流量和年平均水位；④河流历年春秋两季流冰期的最大、最小流量和最高、最低水位；⑤其他情况下，如潮汐、形成冰坝冰塞时的最高水位及相应流量；⑥上述相应情况下河流的最大、最小和平均水流速度及其在河流中的分布情况。

（3）河流的泥沙运动与河床演变

河流泥沙运动引起河床演变的主要原因是水流对河床的冲刷及挟沙的沉积。长期的冲刷和淤积，轻者使河床变形，严重者将使河流改道。如果

河流取水构筑物位置选择不当，泥沙的淤积会使取水构筑物取水能力下降，严重的会使整个取水构筑物完全报废。因此，泥沙运动和河床演变是影响地表水取水的重要因素。

①泥沙运动

河流泥沙是指所有在河流中运动及静止的粗细泥沙、大小石砾以及组成河床的泥沙。随水流运动的泥沙也称为固体径流，它是重要的水文现象之一。根据泥沙在水中的运动状态可将泥沙分为床沙、推移质及悬移质三类，决定泥沙运动状态的因素除泥沙粒径外，还有水流速度。

对于推移质运动，与取水最为密切的问题是泥沙的启动。在一定的水流作用下，静止的泥沙开始由静止状态转变为运动状态，叫作"启动"，这时的水流速度称为启动流速。泥沙的启动意味着河床冲刷的开始，即启动流速是河床不受冲刷的最大流速，因此在河渠设计中应使设计流速小于启动流速值。

对于悬移质运动，与取水最为密切的问题是含沙量沿水深的分布和水流的挟沙能力。由于河流中各处水流脉动强度不同，河中含沙量的分布亦不均匀。为了取得含沙量较少的水需要了解河流中含沙量的分布情况。

②河床演变

河流的径流情况和水力条件随时间和空间不断地变化，因此河流的挟沙能力也在不断变化，在各个时期和河流的不同地点产生冲刷和淤积，从而引起河床形状的变化，即引起河床演变。这种河床外形的变化往往对取水构筑物的正常运行有着重要的影响。

河床演变是水流和河床共同作用的结果。河流中水流的运动包括纵向水流运动和环流运动。二者交织在一起，沿着流程变化，并不断与河床接触、作用；在此同时，也伴随着泥沙的运动，使河床发生冲刷和淤积，不仅影响河流含沙量，而且使河床形态发生变化。河床演变一般表现为纵向变形、横向变形、单向变形和往复变形。这些变化总是错综复杂地交织在一起，发生纵向变形的同时往往发生横向变形，发生单向变形的同时，往往发生往复变形为了取得较好的水质，防止泥沙对取水筑物及管道形成危害，并避免河道变迁造成取水脱流，必须了解河段泥沙运动状态和分布规律，观测和推断河床演变的规律和可能出现的不利因素。

（4）河床和岸坡的稳定性

从江河中取水的构筑物有的建在岸边，有的延伸到河床中。因此，河床与岸坡的稳定性对取水构筑物的位置选择有重要的影响。此外，河床和岸坡的稳定性也是影响河床演变的重要因素。河床的地质条件不同，其抵御水流冲刷的能力不同，因而受水流侵蚀影响所发生的变形程度也不同。对于不稳定的河段，一方面河流水力冲刷会引起河岸崩塌，导致取水构筑物倾覆和沿岸滑坡，尤其河床土质疏松的地区常常会发生大面积的河岸崩塌；另一方面，还可能出现河道淤塞、堵塞取水口等现象。因此，取水构筑物的位置应选在河岸稳定、岩石露头、未风化的基岩上或地质条件较好的河床处。当地区条件达不到一定的要求时，要采取可靠的工程措施。在地震区，还要按照防震要求进行设计。

（5）河流冰冻过程

北方地区冬季，当温度降至零摄氏度以下时，河水开始结冰。若河流流速较小（如小于0.4~0.5m/s），河面很快形成冰盖；若流速较大（如大于0.4~0.5m/s），河面不能很快形成冰盖。由于水流的紊动作用，整个河水受到过度冷却，水中出现细小的冰晶，冰晶在热交换条件良好的情况下极易结成海绵状的屑、冰絮，即水内冰。冰晶也极易附着在河底的沙粒或其他固体物上聚集成块，形成底冰。水内冰及底冰越接近水面越多。这些随水漂流的冰屑、冰絮及漂浮起来的底冰，以及由它们聚集成的冰块统称为流冰。流冰易在水流缓慢的河湾和浅滩处堆积，以后随着河面冰块数量增多，冰块不断聚集和冻结，最后形成冰盖，河流冻结。有的河段流速特别大，不能形成冰盖，即产生冰穴。在这种河段下游水内冰较多，有时水内冰会在冰盖下形成冰塞，上游流冰在解冻较迟的河段聚集，春季河流解冻时，通常因春汛引起的河水上涨时冰盖破裂，形成春季流冰。

冬季流冰期，悬浮在水中的冰晶及初冰极易附着在取水口的格栅上，增加水头损失甚至堵塞取水口，故需考虑防冰措施，河流在封冻期能形成较厚的冰盖层，由于温度的变化、冰盖膨胀所产生的巨大压力，易使取水构筑物遭到破坏。冰盖的厚度在河段中的分布并不均匀，此外冰盖会随河水下降而塌陷，设计取水构筑物时，应视具体情况确定取水口的位置。春季流冰期冰块的冲击、挤压作用往往较强，对取水构筑物的影响很大；有时冰块堆积在取水口附近，可能堵塞取水口。

为了研究冰冻过程对河流正常情况的影响，正确地确定水工程设施情况，需了解下列冰情资料：①每年冬季流冰期出现和延续的时间，水内冰和底冰的组成、大小、黏结性、上浮速度及其在河流中的分布，流冰期气温及河水温度变化情况；②每年河流的封冻时间封冻情况、冰层厚度及其在河段上的分布情况；③每年春季流冰期出现和延续的时间，流冰在河流中的分布运动情况，最大冰块面积、厚度及运动情况；④其他特殊冰情。

（6）人类活动

废弃的垃圾抛入河流可能导致取水构筑物水口的堵塞；漂浮的木排可能撞坏取水构筑物；从江河中大量取水用于工农业生产和生活、修建水库调蓄水量、围堤造田、水土保持设置护岸、疏导河流等人为因素，都将影响河流的径流变化规律与河床变迁的趋势。河道中修建的各种水工构筑物和存在的天然障碍物，会引起河流水力条件的变化，可能引起河床沉积、冲刷、变形，并影响水。因此，在选择取水口位置时，应避开水工构筑物和天然障碍物的影响范围，否则应采取必要的措施。所以在选择取水构筑物位置时，必须对已有的水工构筑物和天然障碍物进行研究，通过实地调查估计河床形态的发展趋势，分析拟建构筑物将对河道水流及河床产生的影响。

（7）取水构筑物位置选择

如应有足够的施工场地、便利的运输条；尽可能减少土石方量；尽可能少设或不设人工设施，用以保证取水条件；尽可能减少水下施工作业量等。

2.地表水取水类别

由于地表水源的种类、性质和取水条件的差异，地表水取水构筑物有多种类型和分法，按地表水的种类可分为江河取水构筑物湖泊取水构筑物、水库取水构筑物、山溪取水构筑物、海水取水构筑物。按取水构筑物的构造可分为固定式取水构筑物和移动式取水构筑物。固定式取水构筑物适用于各种取水量和各种地表水源，移动式取水构筑物适用于中小取水量，多用于江河、水库和湖泊取水。

水资源保护与管理

（1）河流取水

河流取水工程若按取水构筑物的构造形式划分，则有固定式取水构筑物、活动式取水构筑物两类。固定式取水构筑物又分为岸边式、河床式、斗槽式三种，活动式取水构筑物又分为浮船式、缆车式两种；在山区河流上，则有带低坝的取水构筑物和底栏栅取水构筑物。

（2）水库取水

根据水库的位置与形态，其类型一般可分为：

①山谷水库用拦河坝横断河谷，拦截然河道径流，抬高水位而成。绝大部分水库属于这一类型。

②平原水库在平原地区的河道、湖泊、洼地的湖口处修建闸、坝，抬高水位形成必要时还应在库周围筑围堤，如当地水源不足还可以从邻近的河流引水入库。

③地下水库在干旱地区的透水地层，建筑地下截水墙，截蓄地下水或潜流而形成地下水库。

水库的总容积称为库容，然而不是所有的库容都可以进行径流量调节。水库的库容可以分为死库容、有效库容（调蓄库容、兴利库容）、防洪库容。

水库主要的特征水位有：

①正常蓄水位指水库在正常运用情况下，允许为兴利蓄水的上限水位。它是水库最重要的特征水位，决定着水库的规模与效益，也在很大程度上决定着水工建筑物的尺寸。

②死水位指水库在正常运用情况下，允许消落到的最低水位。

③防洪限制水位指水库在汛期允许兴利蓄水的上限水位，通常多根据流域洪水特性及防洪要求分期拟定。

④防洪高水位指下游防护区遭遇设计洪水时，水库（坝前）达到的最高洪水位。

⑤设计洪水位指大坝遭遇设计洪水时，水库（坝前）达到的最高洪水位。

⑥校核洪水位指大坝遭遇校核洪水时，水库（坝前）达到的最高洪水位。

水库工程一般由水坝、取水构筑物、泄水构筑物等组成。水坝是挡水构筑物用于拦截水流、调蓄洪水、抬高水位形成蓄水库；泄水构筑物用于下泄水库多余水量，以保证水坝安全，主要有河岸溢洪道、泄水孔、溢流

· 180 ·

坝等形式；取水构筑物是从水库取水，水库常用取水构筑物有隧洞式取水构筑物、明渠取水、分层取水构筑物、自流管式取水构筑物。

由于水库的水质随水深及季节等因素而变化，因此大多采用分层取水方式，以取得最优水质的水。水库取水构筑物可与坝、泄水口合建或分建。与坝、泄水口合建的取水构筑物一般采用取水塔取水，塔身上一般设置3~4层喇叭管进水口，每层进水口高差约4~8m，以便分层取水。单独设立的水库取水构筑物与江河取水构筑物类似，可采用岸边式、河床式浮船式，也可采用取水塔。

（3）海水取水

我国海岸线漫长，沿海地区的工业生在国民经济中占很大比重，随着沿海地区的开放、工农业生产的发展及用水量的增长，淡水资源已经远不能满足要求，利用海水的意义也日渐重要。因此，了解海水取水的特点、取水方式和存在的问题是十分必要的。

1）海水取水的条件

由于海水的特殊性，海水取水设备会受到腐蚀、海生物堵塞以及海潮侵袭等问题，因此在海水取水时要加以注意。主要包括：

①海水对金属材料的腐蚀及防护

海水中溶解有 NaCl 等多种盐分，会对金属材料造成严重腐蚀。海水的含盐量、海水流过金属材料的表面相对速度以及金属设备的使用环境都会对金属的腐蚀速度造成影响。预防腐蚀主要采用提高金属材料的耐腐蚀能力、降低海水通过金属设备时的相对速度以及将海水与金属材料以耐腐蚀材料相隔离等方法。具体措施如：

A.选择海水淡化设备材料时要在进行经济比较的基础上尽量选择耐腐蚀的金属材料，比如不锈钢、合金钢、铜合金等。

B.尽量降低海水与金属材料之间的过流速度，比如使用低转速的水泵。

C.在金属表面刷防腐保护层，比如钢管内外表面涂红丹两道、船底漆一道。

D.采用外加电源的阴极保护法或牺牲阳极的阴极保护法等电化学防腐保护。

E.在水中投加化学药剂消除原水对金属材料的腐蚀性或在金属管道内

形成保护性薄膜等方法进行防腐。

②海生物的影响及防护

海洋生物，如紫贻贝、牡蛎、海藻等会进入吸水管或随水泵进入水处理系统，减少过水断面、堵塞管道、增加水处理单元处理负荷。为了减轻或避免海生物对管道等设施的危害，需要采用过滤法将海生物截留在水处理设施之外，或者采用化学法将海生物杀灭，抑制其繁殖。目前，我国用以防治和清除海洋生物的方法有：加氯、加碱、加热、机械刮除、密封窒息、含毒涂料、电极保护等。其中，以加氯法采用的最多，效果较好。一般将水中余氯控制在 0.5mg/L 左右，可以抑制海洋生物的繁殖。为了提高取水的安全性，一般至少设两条取水管道，并且在海水淡化厂运行期间，要定期对格栅、滤网、大口径管道进行清洗。

③潮汐等海水运动的影响

潮汐等海水运动对取水构筑物有重要影响，如构筑物的挡水部位及所开孔洞的位置设计、构筑物的强度稳定计算、构筑物的施工等。因此在取水工程的建设时要加以充分注意。比如，将取水构筑物尽量建在海湾内风浪较小的地方，合理选择利用天然地形，防止海潮的袭击；将取水构筑物建在坚硬的原土层和基岩上，增加构筑物的稳定性等。

④泥沙淤积

海滨地区，特别是淤泥滩涂地带，在潮汐及异重流的作用下常会形成泥沙淤积。因此取水口应该避免设置于此地带，最好设置在岩石海岸、海湾或防波堤内。

⑤地形、地质条件

取水构筑物的形式，在很大程度上同地形和地质条件有关，而地形和地质条件又与海岸线的位置和所在的港湾条件有关。基岩海岸线与沙质海岸线、淤泥沉积海岸线的情况截然不同。前者条件比较有利，地质条件好，岸坡稳定，水质较清澈。

此外，海水取水还要考虑到赤潮、风暴潮、海冰、暴雪、冰雹、冻土等自然灾害对取水设施可能引起的影响，在选择取水点和进行取水构筑物设计、建设时要予以充分的注意。

2) 海水取水方式。

海水取水方式有多种，大致可分为海滩井取水、深海取水、浅海取水三大类。通常，海滩井取水水质最好，深海取水次之，而浅海取水则有着建设投资少、适用性广的特点。

①海滩井取水

海滩井取水是在海岸线边上建设取水井，从井里取出经海床渗滤过的海水，作为海水淡化厂的源水。通过这种方式取得的源水由于经过了天然海滩的过滤，海水中的颗粒物被海滩截留，浊度低，水质好。

能否采用这种取水方式的关键是海岸构造的渗水性、海岸沉积物厚度以及海水对岸边海底的冲刷作用。适合的地质构造为有渗水性的砂质构造，一般认为渗水率至少要达到 $1000m^3/(d \cdot m)$，沉积物厚度至少达到 15m。当海水经过海岸过滤，颗粒物被截留在海底，彼浪、海流、潮汐等海水运动的冲刷作用能将截留的颗粒物冲回大海，保持海岸良好的渗水性；如果被截留的颗粒物不能被及时冲回大海，则会降低海滩的渗水能力，导致海滩井供水能力下降此外，还要考虑到海滩井取水系统是否会污染地下水或被地下水污染，海水对海岸的腐蚀作用是否会对取水构筑物的寿命造成影响，取水井的建设对海岸的自然生态环境的影响等因素。海滩井取水的不足之处主要在于建设占面积较大、所取原水中可能含有铁锰以及溶解氧较低等问题。

②深海取水

深海取水是通过修建管道，将外海的深层海水引导到岸边，进行取水。一般情况下，在海面以下 1～6m 取水会含有沙、小鱼、水草、海藻、水母及其他微生物，水质较差，而当取水位大于海面下 35m 时，这些物质的量会减少 20 倍，水温更低，水质较好。

这种取水方式适合海床比较陡峭，最好在离海岸 50m 内，海水深度能够达到 35m 的地区。如果在离海岸 500m 外才能达到 35 深海水的地区，采用这种取水方式投资巨大，除非是由于特殊要求，需要取到浅海取不到的低温优质海水，否则不宜采用这种取水方式。由于投资较大等因素，这种取水方式一般不适用于较大规模取水工程。

③浅海取水

浅海取水是最常见的取水方式，虽然水质较差，但由于投资少、适应范围广、应用经验丰富等优势仍被广泛采用。一般常见的浅海取水形式有：海岸式、海岛式、海床式、引水渠式、潮汐式等。

A.海岸式取水

海岸式取水多用于海岸陡、海水含泥沙量少、淤积不严重、高低潮位差值不大、低潮位时近岸水深度>1.0m，且取水量较少的情况。这种取水方式的取水系统简单，工程投资较低，水泵直接从海边取，运行管理集中。缺点是易受海潮特殊变化的侵袭，受海生物危害较严重，泵房会受到海浪的冲击。为了克服取水安全可靠性差的缺点，一般一台水泵单独设置一条吸水管，至少设计两套引水管线，并在引水管上设置闸阀。为了避免海浪的冲击，可将泵房设在距海岸10~20m的位置。

B.海岛式取水

海岛式取水适用于海平缓，低潮位离海岸很远处的海边取水工程建设。要求建设海岛取水构筑物处周围低潮位时水深≥1.5~2.0m，海底为石质或沙质且有天然或港湾的人工防波堤保护，受潮水袭击可能性小。可修建长堤或栈桥将取水构筑物与海岸联系起来。这种取水方式的供水系统比较简单，管理比较方便，而且取水量大，在海滩地形不利的情况下可保证供水。缺点是施工有一定难度，取水构筑物如果受到潮汐突变威胁，供水安全性较差。

C.海床式取水

海床式取水适用于取水量较大、海岸较为平坦、深水区离海岸较远或者潮差大、低潮位离海岸远以及海湾条件恶劣（如风大、浪高、流急）的地区。这种取水方式将取水主体部分（自流干管或隧道）埋入海底，将泵房与集水井建于海岸，可使泵房免受海浪的冲击，取水比较安全，且经常能够取到水质变化幅度小的低温海水。缺点是自流管（隧道）容易积聚海生物或泥沙，清除比困难；施工技术要求较高，造价昂贵。

D.引水渠式取水

引水渠式取水适用于海岸陡峻，引水口处海水较深，高低潮位差值较小，淤积不严重的石质海岸或港口、码头地区。这种取水方式一般自深水区开挖引水渠至泵房取水，在进水端设防浪堤，引水渠两侧筑堤坝。其特点是取水量不受限制，引水渠有一定的沉淀澄清作用，引水渠内设置的格栅、滤网等能截留较大的海生物。缺点是工程量大易受海潮变化的影响。设计时，引水渠入口必须低于工程所要求的保证率潮位以下至少0.5m，设计取水量需按照一定的引水渠淤积速度和清理周期选择恰当的安全系数。引水渠的清淤方式可以采用机械清淤或引水渠泄流清淤，或者同时采用两种清淤方式，设计泄流清淤时需要引水渠底坡向取水口。

E.潮汐式取水

潮汐式取水适用于海岸较平坦、深水区较远、岸边建有调节水库的地区。在潮汐调节水库上安装自动逆止闸板门，高潮时闸板门开启，海水流入水库蓄水，低潮时闸板门关闭，取用水库水。这种取水方式利用了潮涨落的规律，供水安全可靠，泵房可远离海岸，不受海潮威胁，蓄水池本身有一定的净化作用，取水水质较好，尤其适用于潮位涨落差很大，具备可利用天然的洼地、海滩修建水库的地区。这种取水方式的主要不足是退潮停止进水的时间较长时，水库蓄水量大，占地多，投资高。另外，海生物的滋生会导致逆止闸门关闭不严的问题，设计时需考虑用机械设备清除闸板门处滋生的海生物。在条件合适的情况下，也可以采用引水渠和潮汐调节水库综合取水方式。高潮时调节水库的自动逆止闸板门开启蓄水，调节水库由引水渠通往取水泵房的闸门关闭，海水直接由引水渠通往取水泵房；低潮时关闭引水渠进水闸门，开启调节水库与引水渠相通的闸门，由蓄水池供水。这种取水方式同时具备引水渠和潮汐调节库两种取水方式的优点，避免了两者的缺点

三、地下水取水工程

地下水取水是给水工程的重要组成部分之一。它的任务是从地下水水源中取出合格的地下水，并送至水厂或用户。地下水取水工程研究的主要内容为地下水水源和地下水取水构筑物。地下水取水构筑物位置的选择主要取决于水文地质条件和用水要求，应选择在水质良好，不易受污染的富水地段；应尽可能靠近主要用水区；应有良好的卫生条件防护，为避免污染，城市生活饮用水的取水点应设在地下水的上游；应考虑施工、运行、

维护管理的方便，不占或少占农田；应注意地下水的综合开发利用，并与城市总体规划相适应。

由于地下水类型、埋藏条件、含水层的质等各不相同，开采和集取地下水的方法以及地下水取水构筑物的形式也各不相同。地水取水构筑物按取水形式主要分为两类：垂直取水构筑物井；水平取水构筑物渠。井可用于开采浅层地下水，也可用于开采深层地下水，但主要用于开采较深层的地下水；渠主要依靠其较大的长度来集取浅层地下水。在我国利用井集取地下水更为广泛。

井的主要形式有管井、大口井、辐射井、复合井等，其中以管井和大口井最为常见，渠的主要形式为渗渠。各种取水构筑物适用的条件各异。正确设计取水构筑物，能最大限度地截取补给量、提高出水量、改善水质、降低工程造价。管井主要用于开采深层地下水，适用于含水层厚度大于4m，底板埋藏深度大于8m的地层，管井深度一般在200m以内，但最大深度也可达1000m以上。大口井广泛应用于集取浅层地下水，适用于含水层厚度在5m左右，地板埋藏深度小于15m的地层。渗渠适用于含水层厚度小于5m，渠底埋藏深度小于6m的地层，主要集取地下水埋深小于2m的浅层地下水，也可集取河床地下水或地表渗透水，渗渠在我国东北和西北地区应用较多。辐射井由集水井和若干水平铺设的辐射形集水管组成，一般用于集取含水层厚度较薄而不能采用大口井的地下水。含水层厚度薄、埋深大不能用渗渠开采的，也可采用辐射井取地下水，故辐射井适应性较强，但施工较困难。复合井是大口井与管井的组合，上部为大口井，下部为管井，复合井适用于地下水位较高、厚度较大的含水层，常常用于同时集取上部空隙潜水和下部厚层基岩高水位的承压水。在已建大口井中再打入管井称为复合井，以增加井的出水量和改善水质，复合井在一些需水量不大的小城镇和不连续供水的铁路给水站中应用较多。

我国地域辽阔，水资源状况和施工条件各异，取水构筑物的选择必须因地制宜，根据水文地质条件，通过经济技术比较确定取水构筑物的形式。

第六章　水资源管理

水资源是生命之源，是实现经济社会可持续发展的重要保证，现在世界各国在经济社会发展中都面临着水资源短缺、水污染和洪涝灾害等各种水问题，水问题对人类生存发展的威胁越来越大，因此，必须加强对水资源的管理，进行水资源的合理分配和优化调度，提高水资源开发利用水平和保护水资源的能力，保障经济社会的可持续发展。

第一节　水资源管理概述

一、水资源管理的含义

对水资源管理的含义，国内外专家学者有着不同理解和定义，还没有统一的认识，目前关于水资源管理的定义有：

(1)《中国大百科全书·大气科学·海洋科学·水文科学》：水资源管理是水资源开发利用的组织、协调、监督和调度。运用行政、法律、经济、技术和教育等手段，组织各种社会力量开发水利和防治水害；协调社会经济发展与水资源开发利用之间的关系，处理各地区、各部门之间的用水矛盾；监督、限制不合理的开发水资源和危害水源的行为；制定供水系统和水库工程的优化调度方案，科学分配水量。

(2)《中国大百科全书·环境科学》：水资源管理是防止水资源危机，保证人类生活和经济发展的需要，运用行政、技术立法等手段对淡水资源进行管理的措施。水资源管理工作的内容包括调查水量，分析水质，进行合理规划、开发和利用，保护水源，防止水资源衰竭和污染等。同时也涉及水资源密切相关的工作，如保护森林、草原、水生生物、植树造林、涵养水源、防止水土流失、防止土地盐渍化、沼泽化、砂化等。

（3）董增川：水资源管理是水行政主管部门综合运用法律、行政、经济、技术等手段，对水资源的分配、开发、利用、调度和保护进行管理，以求可持续地满足社会经济发展和生态环境改善对水的需求的各种活动的总称。

（4）王双银等：水资源管理就是为保证特定区域内可以得到一定质和量的水资源，使之能够持久开发和永续利用，以最大限度地促进经济社会的可持续发展和改善环境而进行的各项活动（包括行政、法律、经济、技术等方面）。

（5）冯尚友：水资源管理是为支持实现可持续发展战略目标，在水资源及水环境的开发、治理、保护、利用过程中，所进行的统筹规划、政策指导、组织实施、协调控制监督检查等一系列规范性活动的总称。统筹规划是合理利用有限水资源的整体布局、全面策划的关键；政策指导是进行水事活动决策的规则与指南；组织实施是通过立法、行政经济、技术和教育等形式组织社会力量，实施水资源开发利用的一系列活动实践；协调控制是处理好资源、环境与经济、社会发展之间的协同关系和水事活动之间的矛盾关系、控制好社会用水与供水的平衡和减轻水旱灾害损失的各种措施；监督检查则是不断提高水的利用率和执行正确方针政策的必需手段。

（6）孙金华：水资源管理就是协调人水关系，是为了人类满足生命、生活、生产和生态等方面的水资源需求所采取的一系列工程和非工程措施之总和。

（7）于万春等：依据水资源环境承载能力，遵循水资源系统自然循环功能，按照经济社会规律和生态环境规律，运用法规、行政、经济、技术、教育等手段，通过全面系统的规划优化配置水资源，对人们的涉水行为进行调整与控制，保障水资源开发利用与经济社会和谐持续发展。

（8）联合国教科文组织国际水文计划工组将可持续水资源管理定义为：支撑从现在到未来社会及其福利而不破坏他们赖以生存的水文循环及生态系统的稳定性的水的管理与使用。

二、水资源管理的目标

水资源管理的最终目标是使有限的水资源创造最大的社会经济效益和生态环境效益，实现水资源的可持续利用和促进经济社会的可持续发展。

《中国21世纪议程》中对水资源管理的总要求是：水量与水质并重，资源和环境管理一体化。水资源管理的基本目标如下：

（1）形成能够高效利用水的节水型社会

在对水资源的需求有新发展的形势下，必须把水资源作为关系到社会兴衰的重要因素来对待，并根据中国水资源的特点，厉行划用水和节约用水，大力保护并改善天然水质。

（2）建设稳定、可靠的城乡供水体系

在节水战略指导下，预测社会需水量的增长率将保持或略高于人口的增长率。在人口达到高峰以后，随着科学技术的进步，需水增长率将相对也有所降低。并按照这个趋势制定相应计划以求解决各个时期的水供需平衡，提高枯水期的供水安全度，及对于特殊干旱的相应对策等，并定期修正计划。

（3）建立综合性防洪安全的社会保障制度

由于人口的增长和经济的发展，如再遇洪水，将给社会经济造成的损失将比过去加重很多。在中国的自然条件下江河洪水的威胁将长期存在。因此，要建立综合性防洪安全的社会保障体制，以有效地保护社会安全、经济繁荣和人民生命财产安全，以求在发生特大洪水情况下，不致影响社会经济发展的全局。

（4）加强水环境系统的建设和管理，建成国家水环境监测网

水是维系经济和生态系统的最大关键性要素。通过建设国家和地方水环境监测网和信息网，掌握水环境质量状况，努力控制水污染发展的趋势，加强水资源保护，实行水量与水质并重、资源与环境一体化管理，以应付缺水与水污染的挑战。

三、水资源管理的原则

水资源管理要遵循以下原则：

（1）维护生态环境，实施可持续发展战略

生态环境是人类生存、生产与生活的基本条件，而水是生态环境中不可缺少的组成要素之一，在对水资源进行开发利用与管理保护时，应把维护生态环境的良性循环放到突出位置，才可能为实施水资源可持续利用，

保障人类和经济社会的可持续发展战略奠定坚实的基础。

(2) 地表水与地下水、水量与水质实行统一规划调度

地球上的水资源分为地表水资源与地下水资源，而且地表水资源与地下水资源之间存在一定关系，联合调度，统一配置和管理地表水资源和地下水资源，可以提高水资源的利用效率。水资源的水量与水质既是一组不同的概念，又是一组相辅相成的概念，水质的好坏会影响水资源量的多少，人们谈及水资源量的多少时，往往是指能够满足不同用水要求的水资源量，水污染的发生会减少水资源的可利用量；水资源的水量多少会影响水资源的水质。将同样量的污物排入不同水量的水体，由于水体的自净作用，水体的水质会产生的不同程度的变化。在制定水资源开发利用规划时，水资源的水量与水质也需统一考虑。

(3) 加强水资源统一管理

水资源的统一管理包括：水资源应当按流域与区域相结合，实行统一规划、统一调度，建立权威、高效、协调的水资源管理体制；调蓄径流和分配水量，应当兼顾上下游和左右岸用水、航运、竹木流放、渔业和保护生态环境的需要；统一发放取水许可证与统一征收水资源费，取水许可证和水资源费体现了国家对水资源的权属管理，水资源配置规划和水资源有偿使用制度的管理；实施水务纵向一体化管理是水资源管理的改革方向，建立城乡水源统筹规划调配，从供水、用水、排水，到节约用水、污水处理及再利用、水源保护的全过程管理体制，以把水源开发、利用、治理、配置、节约、保护有机地结合起来，实现水资源管理在空间与时间的统一、水质与水量的统一、开发与治理的统一、节约与保护的统一，达到开发利用和管理保护水资源的最佳经济、社会、环境效益的结合。

(4) 保障人民生活和生态环境基本用水，统筹兼顾其他用水

水资源的用途主要有农业用水、工业用水、生活用水、生态环境用水、发电用水、航运用水、旅游用水、养殖用水等。《中华人民共和国水法》规定，开发、利用水资源，应当首先满足城乡居民生活用水，并兼顾农业、工业、生态环境用水以及航运等需要。在干旱和半干旱地区开发、利用水资源，应当充分考虑生态环境用水需要。

（5）坚持开源节流并重，节流优先治污为本的原则

我国水资源总量虽然相对丰富，但人均拥有量少，而在水资源的开发利用过程中，又面临着水污染和水资源浪费等水问题，严重影响水资源的可持续利用，因此，进行水资源管理时，坚持开源节流并重，以及节流优先治污为本的原则，才能实现水资源的可持续利用。

（6）坚持按市场经济规律办事，发挥市场机制对促进水资源管理的重要作用

水资源管理中的水资源费和水费经济制度，以及谁耗费水量谁补偿、谁污染水质谁补偿、谁破坏生态环境谁补偿的补偿机制，确立全成本水价体系的定价机制和运行机制，水资源使用权和排水权的市场交易运作机制和规则等，都应在政府宏观监督管理下，运用市场机制和社会机制的规则，管理水资源，发挥市场调节在配置水资源和促进合理用水、节约用水中的作用。

（7）坚持依法治水的原则

进行水资源管理时，必须严格遵守相关的法律法规和规章制度，如《中华人民共和国水法》《中华人民共和国水污染防治法》《中华人民共和国水土保持法》和《中华人民共和国环境法》等。

（8）坚持水资源属于国家所有的原则

《中华人民共和国水法》规定水资源属于国家所有，水资源的所有权由国务院代表国家行使，这从根本上确立了我国的水资源所有权原则。坚持水资源属于国家所有，是进行水资源管理的基本点。

（9）坚持公众参与和民主决策的原则

水资源的所有权属于国家，任何单位和个人引水、截（蓄）水、排水，不得损害公共利益和他人的合法权益，这使得水资源具有公共性的特点，成为社会的共同财富，任何单位和个人都有享受水资源的权利，因此，公共参与和民主决策是实施水资源管理工作时需要坚持的一个原则。

四、水资源管理的内容

水资源管理是一项复杂的水事行为，涉及的内容很多，综合国内外学者的研究，水资源管理主要包括水资源水量与质量管理、水资源法律管理、

水资源水权管理、水资源行政管理、水资源规划管理、水资源合理配置管理、水资源经济管理、水资源投资管理、水资源统一管理、水资源管理的信息化、水灾害防治管理、水资源宣传教育、水资源安全管理等。

（1）水资源水量与质量管理

水资源水量与质量管理是水资源管理的基本组成内容之一，水资源水量与质量管理包括水资源水量管理、水资源质量管理，以及水资源水量与水资源质量的综合管理。

（2）水资源法律管理

法律是国家制定或认可的，由国家强制力保证实施的行为规范，以规定当事人权利和义务为内容的具有普遍约束力的社会规范。法律是国家和人民利益的体现和保障。水资源法律管理是通过法律手段强制性管理水资源行为。水资源的法律管理是实现水资源价值和可持续利用的有效手段。

（3）水资源水权管理

水资源水权是指水的所有权、开发权、使权以及与水开发利用有关的各种用水权利的总称。水资源水权是调节个人之间、地区与部门之间以及个人、集体与国家之间使用水资源及相邻资源的一种权益界定的规则。《中华人民共和国水法》规定水资源属于国家所有，水资源的所有权由国务院代表国家行使。

（4）水资源行政管理

水资源行政管理是指与水资源相关的各类行政管理部门及其派出机构，在宪法和其他相关法律、法规的规定范围内，对于与水资源有关的各种社会公共事务进行的管理活动，不包括水资源行政组织对内部事务的管理。

（5）水资源规划管理

开发、利用、节约、保护水资源和防治水害，应当按照流域、区域统一制定规划。规划分为流域规划和区域规划，流域规划包括流域综合规划和流域专业规划，区域规划包括区域综合规划和区域专业规划。综合规划是指根据经济社会发展需要和水资源开发利用现状编制的开发、利用、节约、保护水资源和防治水害的总体部署。专业规划是指防洪、治涝、灌溉、航运、供水、水力发电、竹木流放、渔业、水资源保护、水土保持、防沙治沙、节约用水等规划。

（6）水资源合理配置管理

水资源合理配置方式是水资源持续利用的具体体现。水资源配置如何，关系到水资源开发利用的效益、公平原则和资源、环境可持续利用能力的强弱。《中华人民共和国水法》规定全国水资源的宏观调配由国务院发展计划主管部门和国务院水行政主管部门负责。

（7）水资源经济管理

水资源是有价值的，水资源经济管理是通过经济手段对水资源利用进行调节和干预。水资源经济管理是水资源管理的重要组成部分，有助于提高社会和民众的节水意识和环境意识，对于遏止水环境恶化和缓解水资源危机具有重要作用，是实现水资源可持续利用的重要经济手段。

（8）水资源投资管理

为维护水资源的可持续利用，必须要保证水资源的投资。此外，在水资源投资面临短缺时，如何提高水资源的投资效益也是非常重要的。

（9）水资源统一管理

对水资源进行统一管理，实现水资源管理在空间与时间的统一、质与量的统一、开发与治理的统一、节约与保护的统一，为实施水资源的可持续利用提供基本支撑条件。

（10）水资源管理的信息化

水资源管理是一项复杂的水事行为，需要收集和处理大量的信息，在复杂的信息中又需要及时得到处理结果，提出合理的管理方案，使用传统的方法很难达到这一要求。基于现代信息技术，建立水资源管理信息统，能显著提高水资源的管理水平。

（11）水灾害防治管理

水灾害是影响我国最广泛的自然灾害，也是我国经济建设、社会稳定敏感度最大的自然灾害。危害最大、范围最广、持续时间较长的水灾害有干旱、洪水、涝渍、风暴潮、灾害性海浪、泥石流、水生态环境灾害。

（12）水资源宣传教育

通过书刊、报纸、电视、讲座等多种形式与途径，向公众宣传有关水资源信息和业务准则，提高公众对水资源的认识。同时，搭建不同形式的公众参与平台，提高公众对水资源管理的参与意识。为实施水资源的可持续利用奠定广泛与坚实的群众基础。

(13) 水资源安全管理

水资源安全是水资源管理的最终目标。水资源是人类赖以生存和发展的不可缺少的一种宝贵资源，也是自然环境的重要组成部分，因此，水资源安全是人类生存与社会可持续发展的基础条件。

第二节　国内外水资源管理概况

水资源是生态环境中不可缺少的最活跃的要素，是人民生活和经济社会建设发展的基础性自然资源和战略性经济资源，面对断加剧的水资源危机，世界各国都必须不断加强水资源管理，构建适应可持续发展要求的水资源管理体系。

一、国外水资源管理概况

世界上不同国家的水资源管理都有自己的特点，其中美国、法国、澳大利亚和以色列的水资源管理概况如下：

1.美国水资源管理

(1) 水资源概况

美国水资源比较丰富，在936.3万 km² 的国土面积上，多年平均年降水量为760mm，东部多雨，年降雨量为 800 ~ 2000mm，部分地区达到2500mm；西部干旱少雨，年降雨量一般在500mm 以下，部分地区仅5 ~ 100mm。全国河川年径流总量为29702亿 m³，径流总量居世界第4位。

(2) 水资源管理概况

美国水资源管理机构，分为联邦政府机构、州政府机构和地方 (县、市) 三级机构在州政府一级强调流域与区域相结合，突出流域机构对水土资源开发利用与保护的管理与协调职能。1965 年根据《水资源规划法》成立了直属总统领导、内政部长为首的水资源理事会，水资源理事会系部一级的权力机构，负责制定统一的水政策，全面协调联邦政府、州政府、地方政权、私人企业和组织的涉水工作，促进水资源和土地资源的保护管理及开发利用。

经过多年的发展，美国的水资源管理形成了如下特点：由重治理转为重预防，强调政府和企业及民众合作，研究开发对环境无害的新产品、新技术；重视水资源数据和情报的利用及分享；利用正规和非正规教育两种途径进行水资源教育。

2.法国水资源管理

（1）水资源概况

法国境内有塞纳河、莱茵河、罗纳河和卢瓦尔河等 6 大河。法国每年可更新的淡水约为 1850 亿 m^3，每人的可用水约为 31903/a。法国水资源时空分布具有一定差异，部分地区干旱现象时有出现，但是，即使在干旱年份，干旱地区的年降雨量也没有低于 600mm。

（2）水资源管理概况

法国水管理体制包括国家级、流域级、地区级和地方级四个层面。法国水资源管理具有四项原则：水的管理应是总体的（或统筹的），既要管理地表水，又要管理地下水，既管水量又管水质，并要着眼于开发利用水资源的长远利益，考虑生态系统的物理、化学及生物学等的平衡；管理水资源最适宜范围是以流域为区域；水政策的成功实施要求各个层次的用户共同协商和积极参与；作为管理水的规章和计划的补充，应积极采用经济手段，具体讲就是谁污染谁付费、谁用水谁付费的原则。

法国水资源管理总结起来，主要有以下六个特点：注重水资源的权属管理；注重以法治手段来规范水资源管理；注重以流域为单元的水质水量综合管理；通过市场调节手段优化水资源配置；水资源管理决策的民主化；公司企业进行水资源项目经营管理。

3.澳大利亚水资源管理

（1）水资源概况

澳大利亚国土面积 768.23 万 km^2，是一块最平坦、最干旱又是四面环水的大陆，年平均降雨量约 460mm，雨量分布在地理上、季节上和年份上都差别很大。澳大利亚水资源总量为 3430 亿 m^3，目前已开发利用量 15 亿 m^3，人均水资源量 18743m^3。人均水资源量居世界各国前 50 名，属水资源相对丰富的国家，但从国土范围平均看，水资源又很不富裕。

（2）水资源管理概况

澳大利亚的水资源管理大体上分为联邦、州和地方三级，但基本上以州为主。澳大利亚各州对水资源管理都是自治的，各州都有自己的水法及水资源委员会或类似机构，负责水资源评价、规划、分配、监督、开发和利用；建设州内所有与水有关的工程，如供水灌溉、排水和河道整治等。

澳大利亚水资源管理具有如下三个特点：在联邦政府，水管理职能属于农林渔业部和环境部，联邦政府对于跨行政区域（州）的河流，实行流域综合管理；由各州负责自然资源的管理，州政府是所有水资源的拥有者，负责管理；州政府以下，各地设立水管理局，水管理局是水资源配额的授权管理者，包括城市和乡村水资源的管理。

4.以色列水资源管理

（1）水资源概况

以色列位于干旱缺水的中东地区，全国多年平均年水资源总量约为 20 亿 m^3，人均水资源量不足 340m^3/a，属于水资源严重缺乏的国家。

（2）水资源管理概况

以色列人均水资源占有量只有世界平均水平的 1/32，为了缓解水资源供需矛盾，以色列非常重视水资源管理。以色列对地表水和地下水实行联合调度、统一使用，地表水和地下水的开发利用均实行取水许可证制度，打井和开发地下水必须经过批准。以色列对不同的用水实行不同的水价，农业、工业、生活用水的价格不同，水价由全国水利委员会统一制定，实行超量加价管理办法。以色列在全国范围开展对所有可利用废水的开发、处理和回用工作。以色列是世界上废水处理利用率最高的国家，城市的废水回收处理率在40%以上。以色列水利委员会签署了一系列法规以降低水的消耗，推进节水设备的开发和利用。

二、国外水资源管理的经验借鉴

不同国家的水资源管理各有自己的特色，不同国家的水资源管理经验能够为我国水资源管理提供以下几个方面的借鉴意义。

（1）实行水资源公有制，增强政府控制能力

水资源的特点之一是具有公共性。目前，国际上普遍重视水资源的这

一特点，提倡所有的水资源都应为社会所公有，为社会公共所用，并强化国家对水资源的控制和管理。

（2）完善水资源统一管理体制

水资源管理的一个原则就是加强水资源统一管理，完善水资源统一管理体制，统一管理和调配水资源，有利于保护和节约水资源，大大提高水资源的利用效益与利用效率。

（3）实行以用水许可制度或水权登记制度为核心的水权管理制度

实行以用水许可制度或水权登记制度为核心的水权管理制度，改变了长期以来任意取水和用水的历史习惯，实现国家水管理机关统一管理水权，合理统筹资源配置。

（4）重视立法工作

水资源法律管理是水资源管理的基础在进行水资源管理的过程中，必须坚持依法治水的原则，重视立法工作，正确制定水资源相关法律法规，是有效实施水资源管理的根本手段。

（5）引导和改变大众用水观念

水资源短缺是许多国家和地区面临的水问题之一，造成水资源短缺的其中一个原因就是水资源利用效率不高，水资源浪费严重，因此，必须采取各种措施，实行高效节约用水，改变大众用水观念。

（6）强调水环境的保护

水资源的不合理开发利用会对水环境造成破坏，应借鉴其他国家水环境管理的先进经验，避免走"先污染、后治理"的道路，保护水环境不被破坏。

三、我国水资源管理概况

我国是世界上开发水利、防治水患最早的国家之一。中华人民共和国成立后，水利建设有了很大发展。我国水资源管理概况如下：

国家对水资源实行流域管理与行政区域管理相结合的体制。国务院水行政主管部门负责全国水资源的统一管理和监督管理工作，水利部为国务院水行政主管部门。国务院水行政主管部门在国家确定的重要河流、湖泊设立的流域管理机构，在所管辖的范围内行使法律、行政法规规定的国务院水行政主管部门授予的水资源管理和监督管理职责。县级以上地方人民政府水行政主管部门按照规定的权限，负责本行政区域内水资源的统一管理和监督管理。国务院有关部门按照职责分工，负责水资源开发、利用、节约和保护的有关工作。县级以上地方人民政府有关部门按照职责分工，负责本行政区域内水资源开发、利用、节约和保护的有关工作。

全国水资源与水土保持工作领导小组负责审核大江大河的流域综合规划；审核全国水土保持工作的重要方针、政策和重点防治的重大问题；处理部门之间有关水资源综合利用方面的重大问题；处理协调省际间的重大水事矛盾。

七大江河流域机构是水利部的派出机构，被授权对所在的流域行使《水法》赋予水行政主管部门的部分职责。按照统一管理和分级管理的原则，统一管理本流域的水资源和河道。负责流域的综合治理，开发管理具控制性的重要水利工程，搞好规划、管理、协调、监督、服务，促进江河治理和水资源的综合开发、利用和保护。

我国水资源管理主要实行以下九个基本制度：水资源优化配置制度；取水许可制度；水资源有偿使用制度；计划用水、超定额用水累进加价制度；节约用水制度；水质管理制度；水事纠纷调理制度；监督检查制度；水资源公报制度。

第三节　水资源法律管理

一、水资源法律管理的概念

水资源法律管理是水资源管理的基础，在进行水资源管理的过程中，必须通过依法治水才能实现水资源开发、利用和保护目的，满足社会经济和环境协调发展的需要一、水资源法律管理的概念。

水资源法律管理是以立法的形式，通过水资源法规体系的建立，为水资源的开发、利用、治理、配置、节约和保护提供制度安排，调整与水资源有关的人与人的关系，并间接调整人与自然的关系。

水法有广义和狭义之分，狭义的水法是《中华人民共和国水法》。广义的水法是指调整在水的管理、保护、开发、利用和防治水害过程中所发生的各种社会关系的法律规范的总称。

二、水资源法律管理的作用

水资源法律管理的作用是借助国家强制力，对水资源开发、利用、保护、管理等各种行为进行规范，解决与水资源有关的各种矛盾和问题，实现国家的管理目标。具体表现在以下几个方面：规范、引导用水部门的行为，促进水资源可持续利用；加强政府对水资源的管理和控制，同时对行政管理行为产生约束；明确的水事法律责任规定，为解决各种水事冲突提供了依据；有助于提高人们保护水资源和生态环境的意识。

三、我国水资源管理的法规体系构成

我国在水资源方面颁布了大量具有行政法规效力的规范性文件，如《中华人民共和国水法》《中华人民共和国水污染防治法》《中华人民共和国水土保持法》《中华人民共和国防洪法》《中华人民共和国环境保护法》《中华人民共和国河道管理条例》和《取水许可证制度实施办法》等一系列法律法规，初步形成了一个由中央到地方、由基本法到专项法再到法规条例的多层次的水资源管理的法规体系。按照立法体制、效力等级的不同，我国水资源管理的法规体系构成如下：

1.宪法中有关水的规定

宪法是一个国家的根本大法，具有最高法律效力，是制定其他法律法规的依据。《中华人民共和国宪法》中有关水的规定也是制定水资源管理相关的法律法规的基础。《中华人民共和国宪法》第9条第1、2款分别规定，"水流属于国家所有，即全民所有"，"国家保障自然资源的合理利用"。这是关于水权的基本规定以及合理开发利用、有效保护水资源的基本准则。对于国家在环境保护方面的基本职责和总政策，第26条做了原则性的规定，"国家保护和改善生活环境和生态环境，防治污染和其他公害"。

2.全国人大制定的有关水的法律

由全国人大制定的有关水的法律主要包括与（水）资源环境有关的综合性法律和有关水资源方面的单项法律。目前，我国还没有一部综合性资源环境法律,《中华人民共和国环境保护法》可以认为是我国在环境保护方面的综合性法律;《中华人民共和国水法》是我国第一部有关水的综合性法律,是水资源管理的基本大法。针对我国水资源洪涝灾害频繁、水资源短缺和水污染现象严重等问题,我国专门制定了《中华人民共和国水污染防治法》《中华人民共和国水土保持法》和《中华人民共和国防洪法》等有关水资源方面的单项法律,为我国水资源保护、水土保、洪水灾害防治等工作的顺利开展提供法律依据。

(1)《中华人民共和国水法》

《中华人民共和国水法》于 1988 年 1 月 21 日第六届全国人民代表大会常务委员会第 24 次会议审议通过,于 2002 年 8 月 29 日第九届全国人民代表大会常务委员会第二十九次会议修订通过,修订后的《中华人民共和国水法》自 2002 年 10 月 1 日起施行。

《中华人民共和国水法》包括八章:总则(第一章)、水资源规划(第二章)、水资源开发利用(第三章)、水资源、水域和水工程的保护(第四章)、水资源配置和节约使用(第五章)、水事纠纷处理与执法监督检查(第六章)、法律责任(第七章)、附则(第八章)。

(2)《中华人民共和国环境保护法》

《中华人民共和国环境保护法》于 1989 年 12 月 26 日第七届全国人民代表大会常务委员会第十一次会议通过,从 1989 年 12 月 26 日起施行。

《中华人民共和国环境保护法》包括六章:总则(第一章)、环境监督管理(第二章)、保护和改善环境(第三章)、防治环境污染和其他公害(第四章)、法律责任(第五章)、附则(第六章)。《中华人民共和国环境保护法》是为保护和改善生活环境与生态环境,防治污染和其他公害,保障人体健康,促进社会主义现代化建设的发展而制定的。《中华人民共和国环境保护法》中的环境,是指影响人类生存和发展的各种天然的和经过人工改造的自然因素的总体,包括大气、水、海洋、土地、矿藏、森林、草原、野生生物、自然遗迹、人文遗迹、自然保护区、风景名胜区、城市和乡村等。《中华人民共和国环境保护法》适用于中华人民共和国领域和中华人民共和国管辖的其他海域。

(3)《中华人民共和国水污染防治法》

《中华人民共和国水污染防治法》于1984年5月11日第六届全国人民代表大会常务委员会第五次会议通过，根据1996年5月15日第八届全国人民代表大会常务委员会第十九次会议《关于修改〈中华人民共和国水污染防治法〉的决定》修正，2008年2月28日第十届全国人民代表大会常务委员会第三十二次会议修订。

《中华人民共和国水污染防治法》包括八章：总则（第一章）、水污染防治的标准和规划（第二章）、水污染防治的监督管理（第三章）、水污染防治措施（第四章）、饮用水水源和其他特殊水体保护（第五章）、水污染事故处置（第六章）、法律责任（第七章）、附则（第八章）。《中华人民共和国水污染防治法》是为了防治水污染，保护和改善环境，保障饮用水安全，促进经济社会全面协调可持续发展而制定的；《中华人民共和国水污染防治法》适用于中华人民共和国领域内的江河、湖泊、运河、渠道、水库等地表水体以及地下水体的污染防治；水污染防治应当坚持预防为主、防治结合、综合治理的原则，优先保护饮用水水源，严格控制工业污染、城镇生活污染，防治农业面源污染，积极推进生态治理工程建设，预防、控制和减少水环境污染和生态破坏。

(4)《中华人民共和国水土保持法》

《中华人民共和国水土保持法》于1991年6月29日第七届全国人民代表大会常务委员会第二十次会议通过，2010年12月25日第十一届全国人民代表大会常务委员会第十八次会议修订，修订后的《中华人民共和国水土保持法》自2011年3月1日起施行。

《中华人民共和国水土保持法》包括七章：总则（第一章）、规划（第二章）、预防（第三章）、治理（第四章）、监测和监督（第五章）、法律责任（第六章）、附则（第七章）。《中华人民共和国水土保持法》是为了预防和治理水土流失，保护和合理利用水土资源，减轻水、旱、风沙灾害，改善生态环境，保障经济社会可持续发展而制定的；在中华人民共和国境内从事水土保持活动，应当遵守本法。《中华人民共和国水土保持法》中的水土保持，是指对自然因素和人为活动造成水土流失所采取的预防和治理措施。水土保持工作实行预防为主、保护优先、全面规划、综合治理、因地制宜、突出重点、科学管理、注重效益的方针。

(5)《中华人民共和国防洪法》

《中华人民共和国防洪法》于1997年8月9日第八届全国人民代表大会常务委员会第二十七次会议通过，自1998年1月1日起施行。

《中华人民共和国防洪法》包括八章：总则(第一章)、防洪规划(第二章)、治理与防护(第三章)、防洪区和防洪工程设施的管理(第四章)、防汛抗洪(第五章)、保障措施(第六章)、法律责任(第七章)、附则(第八章)。《中华人民共和国防洪法》是为了防治洪水，防御、减轻洪涝害，维护人民的生命和财产安全，保障社会主义现代化建设顺利进行而制定的。防洪工作实行全面规划、统筹兼顾、预防为主、综合治理、局部利益服从全局利益的原则。

3.由国务院制定的行政法规和法规性文件

由国务院制定的与水相关的行政法规和法规性文件内容涉及水利工程的建设和管理水污染防治、水量调度分配、防汛、水利经济和流域规划等众多方面。如《中华人民共和国河道管理条例》和《取水许可证制度实施办法》等，与各种综合、单项法律相比，国务院制定的这些行政法规和法规性文件更为具体、详细，操作性更强。

(1)《中华人民共和国河道管理条例》

《中华人民共和国河道管理条例》于1988年6月3日国务院第七次常务会议通过，从1988年6月10日起施行。

《中华人民共和国河道管理条例》包括七章：总则(第一章)、河道整治与建设(第二章)、河道保护(第三章)、河道清障(第四章)、经费(第五章)、罚则(第六章)、附则(第七章)。《中华人民共和国河道管理条例》是为加强河道管理，保障防洪安全，发挥江河湖泊的综合效益，根据《中华人民共和国水法》而制定的。《中华人民共和国河道管理条例》适用于中华人民共和国领域内的河道(包括湖泊、人工水道、行洪区、蓄洪区、滞洪区)。

(2)《取水许可证制度实施办法》

《取水许可证制度实施办法》于1993年6月11日国务院第五次常务会议通过，自1993年9月1日施行。

《取水许可证制度实施办法》(15)分为38条条款。《取水许可证制度实施办法》是为加强水资源管理，节约用水，促进水资源合理开发利用，根据《中华人民共和国水法》而制定的;《取水许可证制度实施办法》中的取水，是指利用水工程或者机械提水设施直接从江河、湖泊或者地下取水。一切取水单位和个人，除本办法第三条、第四条规定的情形外，都应当依照本办法申请取水许可证，并依照规定取水。水工程包括闸(不含船闸)、坝、跨河流的引水式水电站、渠道、人工河道、虹吸管等取水、引水工程。取用自来水厂等供水工程的水，不适用本办法。

《取水许可证制度实施办法》第三条，下列少量取水不需要申请取水许可证:

(一)为家庭生活、畜禽饮用取水的;

(二)为农业灌溉少量取水的;

(三)用人力、畜力或者其他方法少量取水的;

少量取水的限额由省级人民政府规定。

《取水许可证制度实施办法》第四条，下列取水免予申请取水许可证:

(一)为农业抗旱应急必须取水的;

(二)为保障矿井等地下工程施工安全和生产安全必须取水的;

(三)为防御和消除对公共安全或者公共利益的危害必须取水的。

4.由国务院所属部委制定的相关部门行政规章

由于我国水资源管理在很长的一段时间内实行的是分散管理的模式，因此，不同部门从各自管理范围、职责出发，制定了很多与水有关的行政规章，以环境保护部门和水利部门分别形成的两套规章系统为代表。环境保护部门侧重水质、水污染防治，主要是针对排放系统的管理，制定的相关行政规章有《环境标准管理》和《全国环境监测管理条例》等;水利部门侧重水资源的开发、利用，制定的相关行政规章有《取水许可申请审批程序规定》、《取水许可水质管理办法》和《取水许可监督管理办法》等。

5.地方性法规和行政规章

我国水资源的时空分布存在很大差异，不同地区的水资源条件、面临的主要水资源问题，以及地区经济实力等都各不相同，因此，水资源管理需因地制宜地展开，各地方可指定与区域特点相符合、能够切实有效解决区域问题的法律法规和行政规章。目前我国已经颁布很多与水有关的地方性法规、省级政府规章及规范性文件。

6.其他部门中相关的法律规范

水资源问题涉及社会生活的各个方面,其他部门中相关的法律规范也适用于水资源法律管理,如《中华人民共和国农业法》和《中华人民共和国土地法》中的相关法律规范。

7.立法机关、司法机关的相关法律解释

立法机关、司法机关对以上各种法律、法规、规章、规范性文件做出的说明性文字,或是对实际执行过程中出现的问题解释、答复,也是水资源管理法规体系的组成部分。

8.依法制定的各种相关标准

由行政机关根据立法机关的授权而制定和颁布的各种相关标准,是水资源管理法规体系的重要组成部分,如《地表水环境质量标准》《地下水质量标准》和《生活饮用水卫生标准》等。

第四节 水资源水量及水质管理

一、水资源水量管理

(一)水资源总量

水资源总量是地表水资源量和地下水资源量两者之和,这个总量应是扣除地表水与地下水重复量之后的地表水资源和地下水资源天然补给量的总和。由于地表水和地下水相互联系和相互转化,故在计算水资源总量时,需将地表水与地下水相互转化的重复水量扣除。水资源总量的计算公式为:

$$W=R+Q-D$$

公式中:W 为水资源总量;R 为地表水资源量;Q 为地下水资源量;D 为地表水与地下水相互转化的重复水量。

用多年平均河川径流量表示的我国水资源总量27115亿 m^3,居世界第六位,仅次于巴西、俄罗斯、美国、印度尼西亚、加拿大,水资源总量比较丰富。

水资源总量中可能被消耗利用的部分称为水资源可利用量，包括地表水资源可利用量和地下水资源可利用量，水资源可利用量是指在可预见的时期内，在统筹考虑生活、生产和生态环境用水的基础上，通过经济合理、技术可行的措施，在当地水资源中可一次性利用的最大水量。

(二) 水资源供需平衡管理

水是基础性的自然资源和战略性的经济资源，是生态环境的控制性要素。水资源的可持续利用，是城市乃至国家经济社会可持续发展极为重要的保证，也是维护人类环境的极为重要的保证。我国人均、亩均占有水资源量少，水资源时空分布极为不均匀。特别是西北干旱、半干旱区，水资源是制约当地社会经济发展和生态环境改善的主要因素。

1.水资源供需平衡分析的意义

城市水资源供需平衡分析是指在一定范围内（行政、经济区域或流域）不同时期的可供水量和需水量的供求关系分析。其目的：一是通过可供水量和需水量的分析，弄清楚水资源总量的供需现状和存在的问题；二是通过不同时期、不同部门的供需平衡分析，预测未来了解水资源余缺的时空分布；三是针对水资源供需矛盾，进行开源节流的总体规划，明确水资源综合开发利用保护的主要目标和方向，以实现水资源的长期供求计划。因此，水资源供需平衡分析是国家和地方政府制定社会经济发展计划和保护生态环境必须进行的行动，也是进行水源工程和节水工程建设，加强水资源、水质和水生态系统保护的重要依据。开展此项工作，有助于使水资源的开发利用获得最大的经济、社会和环境效益，满足社会经济发展对水量和水质日益增长的要求，同时在维护资源的自然功能，以及维护和改善生态环境的前提下，实现社会经济的可持续发展，使水资源承载力、水环境承载力相协调。

2.水资源供需平衡分析的原则

水资源供需平衡分析涉及社会、经济、环生态等方面，不管是从可供水量还是需水量方面分析，牵涉面广且关系复杂。因此，水资源供需平衡分析必须遵循以下原则：

（1）长期与近期相结合原则

水资源供需平衡分析实质上就是对水的供给和需求进行平衡计算。水资源的供与需不仅受自然条件的影响，更重要的是受人类活动的影响。在社会不断发展的今天，人类活动对供需关系的影响已经成为基本的因素，而这种影响又随着经济条件的不断改善而发生阶段性的变化。因此，在进行水资源供需平衡分析时，必须有中长期的规划，做到未雨绸缪，不能临渴掘井。

在对水资源供需平衡作具体分析时，根据长期与近期原则，可以分成几个分析阶段：①现状水资源供需分析，即对近几年来本地区水资源实际供水、需水的平衡情况，以及在现有水资源设施和各部门需水的水平下，对本地区水资源的供需平衡情况进行分析；②今后五年内水资源供需分析，它是在现状水资源供需分析的基础上结合国民经济五年计划对供水与需求的变化情况进行供需分析；③今后10年或20年内水资源供需分析，这项工作必须紧密结合本地区的长远规划来考虑，同样也是本地区国民经济远景规划的组成部分。

（2）宏观与微观相结合原则

即大区域与小区域相结合，单一水源与多个水源相结合，单一用水部门与多个用水部门相结合。水资源具有区域分布不均匀的特点，在进行全省或全市（县）的水资源供需平衡分析时，往往以整个区域内的平衡值来计算，这就势必造成全局与局部矛盾。大区域内水资源平衡了，各小区域内可能有亏有盈。因此，在进行大区域的水资源供需平衡分析后，还必须进行小区域的供需平衡分析，只有这样才能反映各小区域的真实情况，从而提出切实可行的措施。

在进行水资源供需平衡分析时，除了对单一水源地（如水库、河闸和机井群）的供需平衡加以分析外，更应重视对多个水源地联合起来的供需平衡进行分析，这样可以最大限度地发挥各水源地的调解能力和提高供水保证率。

由于各用水部门对水资源的量与质的要求不同，对供水时间的要求也相差较大。因此在实践中许多水源是可以重复交叉使用的。例如，内河航运与养鱼、环境用水相结合，城市河湖用水、环境用水和工业冷却水相结合等。一个地区水资源利用得是否科学，重复用水量是一个很重要的指标。因此，在进行水资供需平衡分析时，除考虑单一用水部门的特殊需要外，本地区各用水部门应综合起来统一考虑，否则往往会造成很大的损失。这对一个地区的供水部门尚未确定安置地点的情况尤为重要。这项工作完成后可以提出哪些部门设在上游，哪些部门设在下游，或哪些部门可以放在一起等合理的建议，为将来水资源合理调度创造条件。

（3）科技、经济、社会三位一体统一考虑原则

对现状或未来水资源供需平衡的分析都涉及技术和经济方面的问题、行业间的矛盾，以及省市之间的矛盾等社会问题。在解决实际的水资源供需不平衡的许多措施中，被采用的可能是技术上合理，而经济上并不一定合理的措施；也可能是矛盾最小，但技术与经济上都不合理的措施。因此，在进行水资源供需平衡分析，应统一考虑以下三种因素，即社会矛盾最小、技术与经济都较合理，并且综合起来最为合理（对某一因素而言并不一定是最合理的）。

（4）水循环系统综合考虑原则

水循环系统指的是人类利用天然的水资源时所形成的社会循环系统。人类开发利用水资源经历三个系统：供水系统、用水系统排水系统。这三个系统彼此联系、相互制约。从水源地取水，经过城市供水系统净化，提升至用水系统；经过使用后，受到某种程度的污染流入城市排水系统；经过污水处理厂处理后，一部分退至下游，一部分达到再生水回用的标准重新返回到供水系统中，或回到用户再利用，从而形成了水的社会循环。

3.水资源供需平衡分析的方法

水资源供需平衡分析必须根据一定的雨情、水情来进行，主要有两种分析方法：一种为系列法，一种为典型年法（或称代表年法）。系列法是按雨情，水情的历史系列资料进行逐年的供需平衡分析计算；而典型年法仅是根具有代表性的几个不同年份的雨情、水情进行分析计算，而不必逐年计算。这里必须强调，不管采用何种分析方法，所采用的基础数据（如水文系列资料、水文地质的有关参数等）的质量至关重要的，其将直接影响到供需分析成果的合理性和实用性。下面介绍两种方法：一种叫典型年法，另一种叫水资源系统动态模拟法（系列法的一种）。在了解两种分析方法之前，

首先介绍一下供水量和需水量的计算与预测。

（1）供水量的计算与预测

可供水量是指不同水平年、不同保证率或不同频率条件下通过工程设施可提供的符合一定标准的水量，包括区域内的地表水、地下水外流域的调水，污水处理回用和海水利用等。它有别于工程实际的供水量，也有别于工程最大的供水能力，不同水平年意味着计算可供水量时，要考虑现状近期和远景的几种发展水平的情况，是一种假设的来水条件。不同保证率或不同频率条件表示计算可供水量时，要考虑丰、平、枯几种不同的来水情况，保证率是指工程供水的保证程度（或破坏程度），可以通过系列调算法进行计算习得。频率一般表示来水的情况，在计算可供水量时，既表示要按来水系列选择代表年，也表示应用代表年法来计算可供水量。

可供水量的影响因素：

1）来水条件：由于水文现象的随机性，将来的来水是不能预知的，因而将来的可供水量是随不同水平年的来水变化及其年内的时空变化而变化。

2）用水条件：由于可供水量有别于天然水资源量，例如只有农业用户的河流引水工程，虽然可以长年引水，但非农业用水季节所引水量则没有用户，不能算为可供水量；又例如河道的冲淤用水、河道的生态用水，都会直接影响到河道外的直接供水的可供水量；河道上游的用水要求也直接影响到下游的可供水量。因此，可供水量是随用水特性、合理用水和节约用水等条件的不同而变化的。

3）工程条件：工程条件决定了供水系统的供水能力。现有工程参数的变化，不同的调度运行条件以及不同发展时期新增工程设施，都将决定出不同的供水能力。

4）水质条件：可供水量是指符合一定使用标准的水量，不同用户有不同的标准。在供需分析中计算可供水量时要考虑到水质条。例如从多沙河流引水，高含沙量河水就不宜引用；高矿化度地下水不宜开采用于灌溉；对于城市的被污染水、废污水在未经处理和论证时也不能算作可供水量。

总之，可供水量不同于天然水资源量，也等于可利用水资源量。一般情况下，可供水量小于天然水资源量，也小于可利用水源量。对于可供水量，要分类、分工程、分区逐项逐时段计算，最后还要汇总成全区域的总供水量。

另外，需要说明的是所谓的供水保证率是指多年供水过程中，供水得到保证的年数占总年数的百分数，常用下式计算：

$$P = \frac{m}{n+1} \times 100\%$$

式中，P——供水保证率；

M——保证正常供水的年数；

N——供水总年数。

在供水规划中，按照供水对象的不同，应规定不同的供水保证率。例如居民生活供水保证率 P=95％以上，工业用水 P=90％或 95％，农业用水 P=50％或 75％等。保证正常供水是指通常按用户性质，能满足其需水量的 90～98％（即满足程度），视作正常供水。对供水总年数，通常指统计分析中的样本总数，如所取降雨系列的总年数或系列法供需分析的总年数。根据上述供水保证率的概念，可以得出两种确定供水保证率的方法。

1）上述的在今后多年供水过程中有保证年数占总供水年数的百分数。今后多年是一个计算系列，在这个系列中，不管哪一个年份，只要有保证的年数足够，就可以达到所需的保证率。

2）规定某一个年份（例如 2000 年这个水平年），这一年的来水可以是各种各样的。现在把某系列各年的来水都放到 2000 年这一水平年去进行供需分析，计算其供水有保证的年数占系列总年数的百分数，即为 2000 年这一水平年的供水遇到所用系列的来水时的供水保证率。

（2）需水量的计算与预测

1）需水量概述

需水量可分为河道内用水和河道外用水两大类。河道内用水包括水力发电、航运、放牧、冲淤、环境、旅游等，主要利用河水的势能和生态功能，基本上不消耗水量或污染水质，属于非耗损性清洁用水。河通外用包括生活需水量、工业需水量、农业需水量、生态环境需水量等四种。

生活需水量是指为满足居民高质量生活所需要的用水量。生活需水量分为城市生活需水量和农村生活需水量，城市生活需水量是供给城市居民生活的用水量，包括居民家庭生活用水和市政公共用水两部分。居民家庭生活用水是指维持日常生活的家庭和个人需水，主要指饮用和洗涤等室内用水；市政公共用水包括饭店、学校、医院、商店、浴池、洗车场、公路冲洗、消防、公用厕所、污水处理厂等用。农村生活需水量可分为农村家庭需水量、家养禽畜需水量等。

工业需水量是指在一定的工业生产水平下，为实现一定的工业生产产品量所需要的用水量。工业需水量分为城市工业需水量和农村工业需水量。城市工业需水量是供给城市工业企业的工业生产用水，一般是指工业企业生产过程中，用于制造、加工、冷却、空调、制造、净化、洗涤和其他方面的用水，也包括工业企业内工作人员的生活用水。

农业需水量是指在一定的灌溉技术条件下供给农业灌溉、保证农业生产产量所需要的用水量，主要取决于农作物品种、耕作与灌溉方法。农业需水量分为种植业需水量、畜牧业需水量、林果业需水量和渔业需水量。

生态环境需水量是指为达到某种生态水平，并维持这种生态系统平衡所需要的用水量。

生态环境需水量由生态需水量和环境需水量两部分构成。生态需水量是达到某种生态水平或者维持某种生态系统平衡所需要的水量，包括维持天然植被所需水量、水土保持及水保范围外的林草植被建设所需水量以及保护水生物所需水量；环境需水量是为保护和改善人类居住环境及其水环境所需要的水量，包括改善用水水质所需水量、协调生态环境所需水量、回补地下水量、美化环境所需水量及休闲旅游所需水量。

2) 用水定额

用水定额是用水核算单元规定或核定的使用新鲜水的水量限额，即单位时间内，单位产品、单位面积或人均生活所需要的用水量。用水定额一般可分为生活用水定额、工业用水定额和农业用水定额三部分。核算单元，对于城市生活用水可以是人、床位、面积等，对于城市工业用水可以是某种单位产品、单位产值等，对于农业用水可以是灌溉面积、单位产量等。

用水定额随社会、科技进步和国民经济发展而变化，经济发展水平、地域、城市规模工业结构、水资源重复利用率、供水条件、水价、生活水平、给排水及卫生设施条件、生活方式等，都是影响用水定额的主要因素。如生活用水定额随社会的发展、文化水平提高而逐渐提高。通常住房条件较好、给水水设备较完善、居民生活水平相对较高的大城市，生活用水定额也较高。而工业用水定额和农业用水定额因科技进步而逐渐降低。

用水定额是计算与预测需水量的基础，需水量计算与预测的结果正确与否，与用水定额的选择有极大的关系，应该根据节水水平和社会经济的发展，通过综合分析和比较，确定适应地区水资源状况和社会经济特点的合理用水定额。

城市生活需水量取决于城市人口、生活用水定额和城市给水普及率等因素。

①城市用水定额

我国城市生活用水定额主要包括人均综合用水定额和居民生活用水定额，可按照相关标准及设计规范所规定的指标值选取。

A.居民生活用水定额

确定城市居民生活用水定额时应充分考虑各影响因素，可根据所在分区按《城市居民生活用水量标准》(GB/T50331—2002)中规定的指标值选取。当居民实际生活用水量与表中规定有较大出入时，可按当地生活用水量统计资料适当增减，做适当的调整，使其符合当时当地的实际情况。

B.人均综合用水定额

城市综合用水指标是指从加强城市水资源宏观控制，合理确定城市用水需求的目的出发，为城市水资源总量控制管理以及城市相关规划服务，反映城市总体用水水平的特定用水指标。城市综合用水指标包括人均综合用水指标、地均综合用水指标、经济综合用水指标三类。人均综合用水指标是指将城市用总量折算到城市人口特定指标上所反映的用水量水平。综合生活用水为城市居民日常生活用水和公共建筑用水之和，不包括浇洒道路、绿地市政用水和管网漏失水量。

城市综合生活用水定额应根据当地国民经济和社会发展、水资源充沛程度、用水习惯在现有用水定额基础上，结合城市总体规划，本着节约用水的原则，综合分析确定。人均综合生活用水定额宜按我国《室外给水设计规范》(GB50013—2006)中给定的指标值选择确定。

②工业取水定额

我国的工业取水定额国家标准是按单位工业产品编制的，主要包括7

类工业企业产品的取水定额：《取水定额第 1 部分：火力发电》（GB/T18916
.1—2012）、《取水定额第 2 部分：钢铁联合企业》（GB/T18916.2——2012）、
《取水定额第 3 部分：石油炼制》（GB/T18916.3—2012）、《取水定额第 4 部
分：纺织染整产品》（GB/T18916.4—2012）、《取水定额第 5 部分：造纸产
品》（GB/T1816.5—2012）、《取水定额第 6 部分：啤酒制造（GB/T18916.6—
2012）和《取水定额第 7 部分：酒精制造（GB/T18916.7—2012）。

③农业用水定额

农业用水定额主要包括农业灌溉用水定额和畜禽养殖业用水定额。由
于农业用水量中约90%以上为灌溉用水量，所以对农业灌溉用水定额的研
究较多，资料也较丰富。

农业灌溉用水定额指某一种作物在单位面积上的各次灌水定额总和，
即在播种前以及全生育期内单位面积上的总灌水量。其中，灌水时间和灌
水次数根据作物的需水要求和土壤水分状况来确定，以达到适时适量灌溉。

对于作物灌溉用水定额，由于干旱年和丰水年的交替变换，同一地区
的同一种作物的灌溉定额是不同的；不同地区和不同年份的同一种作物，
也会因降水、蒸发等气候上的差异和不同性质的土壤使灌溉定额有很大的
不同；因灌水技术的改变，如采用地面灌溉、喷灌、滴灌、地下灌溉等不
同技术，灌溉定额也会随之而改变。

进行农业需水量计算与预测分析时：综合考虑地理位置、地形、土壤、
气候条件、水资源特征及管理等因素，结合水资源综合利用、农业发展及
节水灌溉发展等规划，根据研究区域所属的不同省份、省内不同分区或不
同作物类型及灌溉方式，按照各省现行或在编的灌溉定额标准选取合理适
宜的农业灌溉用水定额，这里不再详细介绍。

3）城市生活需水量预测

随着经济与城市化进程发展，我国用水人口相应增加，城市居民生活
水平不断提高，公共市政设施范围不断扩大与完善，用水量不断增加。影
响城市生活需水量的因素很多，如城市的规模、人口数量、所处的地域、
住房面积、生活水平、卫生条件、市政公共设施、水资源条件等，其中最
主要的影响因素是人口数量和人均用水定额。城市生活需水量常用人均生
活用水定额法推算，其计算公式为：

W$_{生活}$：365qm/1000

式中 W$_{生活}$——城市生活需水量，m^3/a；

q——人均生活用水定额，L/（人·d）；

M——用水人数。

4）城市工业需水量计算与预测

城市工业需水量可按产品数量和生产单位产品用水量计算：

W$_{工业}$ = $\sum$ M$_i$，q$_i$

式中，W$_{工业}$——城市工业需水量，m^3/a；

M$_i$——第 i 种工业产品数量，（t，件）/a；

q$_i$——第 i 种产品的单位需水量，m^3/（t，件）。

也可按万元产值需水量确定，即用现状年万元产值或预测水平年万元产值乘以工业万元产值需水量定额。

W$_{工业}$ =Pq

式中，q——万元产值的单位需水量，m^3/ 万元；

P——工业总产值，万元 /a。

此方法是通过调查工业万元产值取水量的现状和历史变化趋势，推测目前或将来为实现某一工业产值目标所需的工业用水量。

由于不同行业或同一行业的不同产品、不同生产工艺之间的万元产值取水量相差很大，因此确定万元产值需水量指标非常困难。

5）农业需水量计算与预测

农业用水主要包括农业灌溉、林牧灌溉、渔业用水及农村居民生活用水，农村工业企业用水等。与城市工业和生活用水相比，具有面广量大、一次性消耗的特点，而且受气候的影响较大，同时也受作物的组成和生长期的影响。农业灌溉用水是农业用水的主要部分，约占 90% 以上，所以农业需水量可主要计算农业灌溉需水量。农业灌溉用水的保证率要低于城市工业用水和生活用水的保证率。因此，当水资源短缺时，一般要减少农业用水以保证城市工业用水和生活用水的需要。区域水资源供需平衡分析研究所关心的是区域的农业用水现状和对未来不同水平年、不同保证率需水量的预测，因为它的大小和时空分布极大地影响到区域水资源的供需平衡。

农业灌溉需水量按农田面积和单位面积农田的灌溉用水量计算与预测：

$$W_{灌溉} = \sum m_i q_i$$

式中，W——农业灌溉需水量；

M_i——第 i 种农田的总面积；

Q_i——第 i 种农田的灌溉用水定额。

其他农业需水量也可按类似的用水定额与用水数进行计算或估算。

6）生态环境需水量计算

生态环境需水量的计算方法分为水文学和生态学两类方法。水文学方法主要关注最小流量的保持，生态学方法主要基于生态管理的目标。这里以河道为例，介绍生态环境需水量的计算方法。

河道环境需水量是为保护和改善河流水体水质、为维持河流水沙平衡、水盐平衡及维持河口地区生态环境平衡所需要的水量。河道最小环境需水量是为维系和保护河流的最基本环境功能不受破坏，所必须在河道内保留的最小水量，理论上由河流的基流量组成。

1）河道生态环境需水量计算

国内外对河流生态环境需水量的计算主要有标准流量法、水力学法、栖息地法等方法，其中标准流量法包括 7Q10 法和 Tennant 法。7Q10 法采用 90% 保证率、连续 7 天最枯的平均水量作为河流的最小流量设计值；Tennant 法以预先确定的年平均流量的百分数为基础，通常作为在优先度不高的河段研究时使用。我国一般采用的方法有 10 年最枯月平均流量法，即采用近 10 年最枯月平均流量或 90% 保证率河流最枯月平均流量作为河流的生态环境需水量。

2）河道基本环境需水量

根据系列水文统计资料，在不同的月（年）保证率前提下，以不同的天然径流量百分比作为河道环境需水量的等级，分别计算不同保证率、不同等级下的月（年）河道基本环境需水量，并以计算出的河道基本环境需水量作为约束条件，计算相应于不同水质目标的污染物排放量及废水排放量，以满足河流的纳污能力。

按照上述原则，即可对河道生态环境用水进行评价。以地表水供水量与地表水资源量为指标，将地表水供水量看作河道外经济用水，地表水资源总量即天然径流量，则天然径流量与经济用水之差就是当年的河道生态环境用水。

（3）水资源供需平衡分析

1）典型年法的含义

典型年（又称代表年）法，是指对某一围的水资源供需关系，只进行典型年份平衡分析计算的方法。其优点是可以克服资料不全（系列资料难以取得时）及计算工作量太大的问题。首先，根据需要来选择不同频率的若干典型年。我国规范规定：平水年频率 P=50%一般枯水年频率 P=75%，特别枯水年频率 P=90%（或 95%）。在进行区域水资源供需平衡分析时，北方干旱和半干旱地区一般要对 P=50%和 P=75%两种代表年的水供需进行分析；而在南方湿润地区，一般要对 P=50%、P=75%和 P=90%（或 95%）三种代表年的水供需进行分析。实际上，选哪几种代表年，要根据水供需的目的来确定，可不必拘泥于上述的情况。如北方干旱缺水地区，若想通过水供需分析来寻求特枯年份的水供需对策措施则必须对 P=90%（或 95%）代表年进行水供需分析。

2）计算分区和时段划分

水资源供需分析，就某一区域来说，其可供水量和需水量在地区上和时间上分布都是不均匀的。如果不考虑这些差别，在大尺的时间和空间内进行平均计算，往往使供需矛盾不能充分暴露出来，那么其计算结果不能反映实际的状况，这样的供需分析不能起到指导作用。所以，必须进行分区和确定计算时段。

①区域划分

分区进行水资源供需分析研究，便于弄清水资源供需平衡要素在各地区之间的差异，以便针对不同地区的特点采取不同的措施和对策。另外，将大区域划分成若干个小区后，可以使计算分析得到相应的简化，便于研究工作的开展。

在分区时一般应考虑以下原则：

A.尽量按流域、水系划分，对地下水开采区应尽量按同一水文地质单元划分。

B.尽量照顾行政区划的完整性，便于料的收集和统计，更有利于水资源的开发利用和保护的决策和管理。

C.尽量不打乱供水、用水、排水系统。

分区的方法是应逐级划分，即把要研究的区域划分成若干个一级区，每一个一级区又划分为若干个二级区。依此类推，最后一级区称为计算单元。分区面积的大小应根据需要和实际的情况而定。分区过大，往往会掩盖水资源在地区分布的差异性，无法反映供需的真实情况。而分区过小，不仅增加计算工作量，而且同样会使供需平衡分析结果反映不了客观情况。因此，在实际的工作中，在供需矛盾比较突出的地方，或工农业发达的地方，分区宜小。对于不同旧的地貌单元（如山区和平原）或不同类型的行政单元（如城镇和农村），宜划为不同的计算区。对于重要的水利枢纽所控制的范围，应专门划出进行研究。

②时段划分

时段划分也是供需平衡分析中一项基本的工作，目前，分别采用年、季、月、和日等不同的时段。从原则上讲，时段划分得越小越好，但实践表明，时段的划分也受各种因素的影响，究竟按哪一种时段划分最好，应对各种不同情况加以综合考虑。

由于城市水资源供需矛盾普遍尖锐，管理运行部门为了最大限度地满足各地区的需水要求，将供水不足所造成的损失压缩到最低程度，需要紧密结合需水部门的生产情况，实行科学供水。同时，也需要供水部门实行准确计量，合理收费。因此，供水部门和需水部门都要求把计算时段分得小一些，一般以旬、日为单位进行供需平衡分析。

在做水资源规划（流域水资源规划、地区水资源规划、供水系统水资源规划）时，应着重方案的多样性，而不宜对某一具体方案做得过细，所以在这个阶段，计算时段一般不宜太小，以"年"为单位即可。

对于无水库调节的地表水供水系统，特别是北方干旱、半干旱地区，由于来水年内变化很大，枯水季节水量比较稳定，在选取段时，枯水季节可以选得长些，而丰水季节应短些。如果分析的对象是全市或与本市有的外围区域，由于其范围大、情况复杂，分析时段一般以年为单位，若取小了，不仅加大工作量，而且也因资料差别较大而无法提高精度。如果分析对象是一个卫星城镇或一个供水系统，范围不大，则应尽量将时段选得小些。

3) 典型年和水平年的确定

①典型年来水量的选择及分布

典型年的来水需要用统计方法推求。首先根据备分区的具体情况来选择控制站，以控制站的实际来水系列进行频率计算，选择符合某一设计频率的实际典型年份，然后求出该典型年的来水总量。可以选择年天然径流系列或年降雨量系列进行频率分析计算。如北方干旱半干旱地区，降雨较少，供水主要靠径流调节，则常用年径流系列来选择典型年。南方湿润地区，降雨较多，缺水既与降雨有关，又与用水季节径流调节分配有关，故可以有多种的系列选择。例如在西北内陆地区，农业灌溉取决于径流调节，故多采用年径流系列来选择代表年，而在南方地区农作物一年三熟，全年灌溉，降雨量对灌溉用水影响很大，故常用年降雨量系列来选择典型年。至于降雨的年内分配，一般是挑选年降雨量接近典型年的实际资料进行缩放分配。

典型年来水量的分布常采用的一种方法是按实际典型年的来水量进行分配，但地区内降雨、径流的时空分配受所选择典型年所支配，具有一定的偶然性，为了克服这种偶然性，通常选用频率相近的若干个实际年份进行分析计算，并从中选出对供需平衡偏于不利的情况进行分配。

②水平年

水资源供需分析是要弄清研究区域现状和未来的几个阶段的水资源供需状况，这几个阶段的水资源供需状况与区域的国民经济和社会发展有密切关系，并应与该区域的可持续发展的总目标相协调。一般情况下，需要研究分析四个发展阶段的供需情况，即所谓的四个水平年的情况，分别为现状水平年（又称基准年，系指现状情况以该年为标准）、近期水平年（基准年以后5年或10年）、远景水平（基准年以后15年或20年）、远景设想水平年（基准年以后30~50年）。一个地区的水资源供需平衡分析究竟取几个水平年，应根据有关规定或当地具体条件以及供需分析的目的而定，一般可取前三个水平年即现状、近期、远景三个水平年进行分析。对于重要的区域多有远景水平年，而资料条件差的一般地区，也有只取两个水平年的。当资料条件允许而又需要时，也应进行远景设想水平年的供需分析的工作，如长江、黄河等七大流域为配合国家中长期的社会经济可持续发展规划，原则上都要进行四种阶段的供需分析。

4）水资源供需平衡分析—动态模拟分析法

①水资源系统

一个区域的水资源供需系统可以看成是由水、用水、蓄水和输水等子系统组成的大系统。供水水源有不同的来水、储水系统，如地面水库、地下水库等，有本区产水和区外来水或调水，而且彼此互相联系，互相影响。用水系统由生活、工业、农业、环境等用水部门组成，输、配水系统既相对独立于以上的两子系统，又起到相互联系的作用。水资源系统可视为由既相互区别又相互制约的各个子系统组成的有机联系的整体，它既考虑到城市的用水，又要考虑到工农业和航运、发电、防洪除涝和改善水环境等方面的用水。水资源系统是一个多用途、多目标的系统，涉及社会，经济和生态环境等多项的效益，因此，仅用传统的方法来进行供需分析和管理规划，是满足不了要求的。应该应用系统分析的方法，通过多层次和整体的模拟模型和规划模型以及水资源决策支持系统，进行各个子系统和全区水资源多方案调度，以寻求解决一个区域水资源供需的最佳方案和对策，下面介绍一种水资源供需平衡分析动态模拟的方法。

②水资源系统供需平衡的动态模拟分析方法

该方法的主要内容包括以下几方面：

A.基本资料的调查收集和分析基本资料是模拟分析的基础，决定了成果的好坏，故要求基本资料准确、完整和系列化。基本资料包括来水系列、区域内的水资源量和质、各部门用水（如城市生活用水、工业用水、农业用水等）、水资源工程资料、有关基本参数资料如地下含水层水文地质资料、渠系渗漏水库蒸发等）以及相关的国民经济指标的资料等。

B.水资源系统管理调度包括水量管理调度（如地表水库群的水调度、地表水和地下水的联合调度、水资源的分配等）、水量水质的控制调度等。

C.水资源系统的管理规划通过建立水资源系统模拟来分析现状和不同水平年的各个用水部门（城市生活、工业和农业等）的供需情况（供水保证率和可能出现的缺水状况）；解决各种工程和非工程的水资源供需矛盾的措施，并进行定量分析；对工程经济、社会和环境效益的分析和评价等。

与典型年法相比，水资源供需平衡动态模拟分析方法有以下特点：

A.该方法不是对某一个别的典型年进分析，而是在较长的时间系列里对一个地区的水资源供需的动态变化进行逐个时段模拟和预测，因此可以综合考虑水资源系统中各因素随时间变化及随机性而引起的供需的动态变化。例如，当最小计算时段选择为天，则既能反映水均衡在年际的变化，又能反映在年内的动态变化。

B.该方法不仅可以对整个区域的水资源进行动态模拟分析，而且由于采用不同子区和不同水源（地表水与地下水、本地水资源和外域水资源等）之间的联合调度，能考虑它们之间的相互联系和转化，因此该方法能够反映水在时间上的动态变化，也能够反映地域空间上的水供需的不平衡性。

C.该方法采用系统分析方法中的模拟方法，仿真性好，能直观形象地模拟复杂的水资源供需关系和管理运行方面的功能，可以按不同调度及优化的方案进行多方案模拟，并可以对不同方案的供水的社会经济和环境效益进行评价分析，便于了解不同时间、不同地区的供需状况以及采取对策措施所产生的效果，使得水资源在整个系统中得到合理的利用，这是典型年法不可比的

D.模拟模型的建立、检验和运行

由于水资源系统比较复杂，涉及的方面很多，诸如水量和水质、地表水和地下水的联合调度、地表水库的联合调度、本地区和外区水资源的合理调度、各个用水部门的合理配水、污水处理及其再利用等。因此，在这样庞大而又复杂的系统中有许多非线性关系和约束条件在最优化模型中无法解决，而模拟模型具有很好的仿真性能，这些问题在模型中就能得到较好地模拟。但模拟并不能直接解决规划中的最优解问题，而是要给出必要的信息或非劣解集。可能的水供需平衡方案很多，需要决策者来选定。为了使模拟给出的结果接近最优解，往往在模拟中规划好运行方案，或整体采用模拟模型，而局部采用优化模型。也常常将这两种方法结合起来，如区域水资源供需分析中的地面水库调度采用最优化模型，使地表水得到充分的利用，然后对地表水和地下水采用模拟模型联合调度，来实现水资源的合理利用。水资源系统的模拟与分析，一般需要经过模型建立、调节参数检验、运行方案的设计等几个步骤：

A.模型的建立

建立模型是水资源系统模拟的前提。建立模型就是要把实际问题概化成

一个物理模型按照一定的规则建立数学方程来描述有关变量间的定量关系。这一步骤包括有关变量的选择，以及确定有关变量间的数学关系。模型只是真实事件的一个近似的表达，并不是完全真实，因此，模型应尽可能地简单，所选择的变量应最能反映其特征。以一个简单的水库的调度为例，其有关变量包括水库蓄水量、工业用水量、农业用水量、水库的损失量（蒸发量和水库渗漏量）以及入库水量等，用水量平衡原理来建立各变量间的数学关系，并按一定的规则来实现水库的水调度运行，具体的数学方程如下所示：

$$W_t = W_{t-1} + WQ_t - WI_t - WA_t - WEQ_t$$

式中，W_t、W_{t-1}——时段末、初的水库蓄水量，m^3；

WI_t、WA_t——时段内水库供给工业、农业的水量，m^3；

WEQ_t——时段内水库的蒸发、渗漏损失；

WQ_t——时段内水库水量，m^3。

当然要运行这个水库调度模型，还要有水库库容水位关系曲线、水库的工程参数和运行规则等，且要把它放到整个水资源系统中去运行。

B.模型的调参和检验

模拟就是利用计算机技术来实现或预演某一系统的运行情况。水资源供需平衡分析的动态模拟就是在制定各种运行方案下重现现阶段水资源供需状况和预演今后一段时期水资源供需状况。但是，按设计方案正式运行模型之前，必须对模型中有关的参数进行确定以及对模型进行检验来判定该模型的可行性和正确性。

一个数学模型通常含有称为参数的数学常数，如水文和水文地质参数等，其中有的是通过实测或试验求得的，有的则是参考外地凭经验选取的，有的则是什么资料都没有。往往采用反求参数的方法取得，而这些参数必须用有关的历史数据来确定，这就是所谓的调参计算或称为参数估值。就是对模型实行正运算，先假定参数，算出的结果和实测结果比较，与实测资料吻合就说明所用（或假设的）参数正确。如果一次参数估值不理想，则可以对有关的参数进行调整，直至达到满意为止。若参数估值一直不理想，则必须考虑对模型进行修改所以参数估值是模型建立的重要一环。

所建的模型是否正确和符合实际，要过检验。检验的一般方法是输入与求参不同的另外一套历史数据，运行模型并输出结果，看其与系统实际记录是否吻合，若能吻合或吻合较好，反映检验的结果具有良好的一致性，说明所建模型具有可行性和正确性，模型的运行结果是可靠的。若和实际资料吻合不好，则要对模型进行修正。

模型与实际吻合好坏的标准，要作具体分析。计算值和实测值在数量上不需要也不可能要求吻合得十分精确。所选择的比较项应既能反映系统特性又有完整的记录，例如有地下水开采地区，可选择实测的地下水位进行比较，比较时不要拘泥于个别观测井个别时段的值，根据实际情况，可选择各分区的平均值进行比较；对高离散型的有关值（如地下水有限元计算结果）可给出地下水位等值线图行比较。又如，对整个区域而言，可利用地面径流水文站的实测水量和流量的数据，进行水量平衡校核。该法在水资源系统分析中用得最多它可作各个方面的水量平衡校核，这里不再一一叙述。

在模型检验中，当计算结果和实际不符时，就要对模型进行修正。若发现模型对输入没有响应，比如地下水模型在不同开采的输入条件下，所计算的地下水位没有什么变化，则说明模型不能反映系统的特性，应从模型的结构是否正确、边界条件处理是否得当等方面去分析并加以相应的修正，有时则要重新建模。如果模型对输入有所响应，但是计算值偏离实测值太大，这时也可以从输入量和实际值方面进行检查和分析，总之，检验模型和修正模型是很重要也是很细致的工作。

C.模型运行方案的设计

在模拟分析方法中，决策者希望模拟结果能尽量接近最优解，同时，还希望能得到不同方案的有关信息，如高、低指标方案，不同开源节流方案的计算结果等。所以，就要进行不同运行方案的设计。在进行不同的方案设计时，应考虑以下的几个方面：

a.模型中所采用的水文系列，既可用一次历史系列，也可用历史资料循环系列。

b.开源工程的不同方案和开发次序。例如，是扩大地下水源还是地面水源、是开发本区水资源还是区外水资源、不同阶段水源工程的规模等，都要根据专题研究报告进行运行方案设计。

c.不同用水部门的配水或不同小区的配水方案的选择。

d. 不同节流方案、不同经济发展速度和水指标的选择。在方案设计中要根据需要和可能主观和客观等条件，排除一些明显不合理的方案，选择一些合理可行的方案进行运行计算。

D. 水资源系统的动态模拟分析成果的综合

水资源供需平衡动态模拟的计算结果应该加以分析整理，即称作成果综合。该方法能得出比典型年法更多的信息，其成果综合的内容虽有相似的地方，但要体现出系列法和动态法的特点。

a. 现状供需分析

现状年的供需分析和典型年法一样，都是用实际供水资料和用水资料进行平衡计算的可用列表表示。由于模拟输出的信息较多，对现状供需状况可作较详细的分析。例如备分区的情况，年内各时段的情况以及各部门用水情况等。

b. 不同发展时期的供需分析

动态模拟分析计算的结果所对应的时间长度和采用的水文系列长度是一致的。对于宏观决策者来说不一定需要逐年的详细资料，而制订发展计划则需要较为详尽的资料。所以在实际工程中，应根据模拟计算结果，把水资源供需平衡整理成能满足不同需要的成果结合现状分析，按现有的供水设施和本地水源，并借助于数学模型及计算机高速计算技术，对研究区域进行一次今后不同时的供需模拟计算，通常叫第一次供需平衡分析。通过这次供需平衡分析，可以发现研究区域地面水和地下水的相互联系和转化，区域内不同用水部门用水及各地区用水之间的合理调度以及由于各种制约条件发生变化而引起的水资源供需的动态变化，并可以预测水资源供需矛盾的发展趋势，揭示供需矛盾在地域上的不平衡性等。然后制定不同方案，进行第二次供需平衡分析，对研究区水资源动态变化做出更科学的预测和分析。对不同的方案，一般都要分析如下几方面的内容。

a. 若干个阶段（水平年）的可供水量和需水量的平衡情况；

b. 一个系列逐年的水资源供需平衡情况；

c. 开源、节流措施的方案规划和数量分析；

d. 各部门的用水保证率及其他评价指标等。

总之，水资源动态模拟模型可作为水资源动态预测的一种基本工具，根据实际情况的变更、资料的积累及在研究工作深入的基础上加以不断完善，可进行重复演算，长期为研究区域水资源规划和管理服务。

二、水资源水质管理

水体的水质标志着水体的物理（如色度、浊度、臭味等）、化学（无机物和有机物的含量）和生物（细菌、微生物、浮游生物、底栖生物）的特性及其组成的状况。在水文循环过程中，天然水水质会发生一系列复杂的变化，自然界中完全纯净的水是不存在的，水体的水质一方面决定于水体的天然水质，而更加重要的是随着人口和工农业的发展而导致的人为水质水体污染。因此，要对水资源的水质进行管理，通过调查水资源的污染源实行水质监测，进行水质调查和评价，制定有关法规和标准，制定水质规划等。水资源水质管理的目标是注意维持地表水和地下水的水质是否达到国家规定的不同要求标准，特别是保证对饮用水源地不受污染，以及风景游览区和生活区水体不致发生富营养化和变臭。

水资源用途的广泛，不同用途对水资源的水质要求也不一致，为适用于各种供水目的，我国制定颁布了许多水质标准和行业标准，如《地表水环境质量标准》（GB3838—2002）《地下水质量标准》（GB/T14848—93）《生活饮用水卫生标准》（GB5749—2006）、《农业灌溉水质标准》（GB5084—92）和《污水综合排放标准》（GB8978—1996）等。

（1）《地表水环境质量标准》

为贯彻执行《中华人民共和国环境保护法》和《中华人民共和国水污染防治法》，防治水污染，保护地表水水质，保障人体健康，维护良好的生态系统，制定《地表水环境质量标准》（GB3838—2002）。本标准运用于中华人民共和国领域内江河、湖泊、运河、渠道、水库等具有使用功能的地表水水域，具有特定功能的水域，执行相应的专业水质标准。

依据地表水水域环境功能和保护目标，按功能高低依次划分为五类：

Ⅰ类：主要适用于源头水、国家自然保护区。

Ⅱ类：主要适用于集中式生活饮用水水源地一级保护区、珍稀水生生物栖息地、鱼虾类产卵场、仔稚幼鱼的索饵汤等。

Ⅲ类：主要适用于集中式生活饮用水水源地二级保护区、鱼虾类越冬场、洄游通道、水产养殖区等渔业水域及游泳区。

Ⅳ类：主要适用于一般工业用水区及人体非直接接触的娱乐用水区。

Ⅴ类：主要适用于农业用水区及一般景观要求水域。

对应地表水上述五类水域功能，将地表水环境质量标准基本项目标准值分为五类，不同功能类别分别执行相应类别的标准值。同一水域兼有多类使用功能的，执行最高功能类别对应的标准。

正确认识我国水资源质量现状，加强对水环境的保护和治理是我国水资源管理工作的一项重要内容。

(2)《地下水质量标准》

为保护和合理开发地下水资源，防止和控制地下水污染，保障人民身体健康，促进经济建设，特制定《地下水质量标准》(GB/T14848—93)。本标准是地下水勘查评价、开发利用和监督管理的依据。本标准适用于一般地下水，不适用于地下热水、矿水、盐卤水。

依据我国地下水水质现状、人体健康基准值及地下水质量保护目标，并参照了生活饮用水、工业用水水质要求，将地下水质量划分为五类：

Ⅰ类：主要反映地下水化学组分的天然背景含量。适用于各种用途。

Ⅱ类：主要反映地下水化学组分的天然背景含量。适用于各种用途。

Ⅲ类：以人体健康基准值为依据。主要适用于集中式生活饮用水及工、农业用水。

Ⅳ类：以农业和工业用水要求为依据。除适用于农业和部分工业用水外，适当处理后可作生活饮用水。

Ⅴ类：不宜饮用，其他用水可根据使用目的选用。

对应地下水上述五类质量用途，将地下水环境质量标准基本项目标准值分为五类，不同质量类别分别执行相应类别的标准值。

据有关部门统计，我国地下水环境并不乐观，地下水污染问题日趋严重，我国北方丘陵山区及山前平原地区的地下水水质较好，中部平原地区地下水水质较差，滨海地区地下水水质最差，南方大部分地区的地下水水质较好，可直接作为饮用水饮用。我国约有7000万人仍在饮用不符合饮用水水质标准的地下水。

三、水资源水量与水质统一管理

联合国教科文组织和世界气象组织共同制定的《水资源评价活动—国家评价手册》将水资源定义为：可以利用或有可能被利用的水源，具有足够的数量和可用的质量，并能在某一地点为满足某种用途而可被利用。从水资源的定义看，水资源包含水量和水质两个方面的含义，是"水量"和"水质"的有机结合，互为依存，缺一不可。

造成水资源短缺的因素有很多，其中两个主要因素是资源性缺水和水质性缺水，资源性缺水是指当地水资源总量少，不能适应经济发展的需要，形成供水紧张；水质性缺水是大量排放的废污水造成淡水资源受污染而短缺的现象。很多时候，水资源短缺并不是由于资源性缺水造成的，而是由于水污染，使水资源的水质达不到用水要求。

水体本身具有自净能力，只要进入水体的污染物的量不超过水体自净能力的范围，便不会对水体造成明显的影响，而水体的自净能力与水体的水量具有密切的关系，同等条件下，水体的水量越大，允许容纳的污染物的量越多。

地球上的水体受太阳能的作用，不断地进行相互转换和周期性的循环过程。在水循环过程中，水不断地与其周围的介质发生复杂的物理和化学作用，从而形成自己的物理性质和化学成分，自然界中完全纯净的水是不存在的。

因此，进行水资源水量和水质管理时，需将水资源水量与水质进行统一管理，只考虑水资源水量或者水质，都是不可取的。

第五节　水价管理

水资源管理措施可分为制度性和市场性两种手段，对于水资源的保护，制度性手段可限制不必要的用水，市场性手段是用价格刺激自愿保护，市场性管理就是应用价格的杠杆作用，调节水资源的供需关系，达到资源管理的目的。一个完善合理的水价体系是我国现代水权制度和水资源管理体制建设的必要保障。价格是价值的货币表现，研究水资源价格需要首先研究水资源价值。

一、水资源价值

1.水资源价值论

水资源有无价值，国内外学术界有不同的解释。研究水资源是否具有价值的理论学说有劳动价值论、效用价值论、生态价值论和哲学价值论等，下面简要介绍劳动价值论与效用价值论。

（1）劳动价值论

马克思在其政治经济学理论中，把价值定义为抽象劳动的凝结，即物化在商品中的抽象劳动。价值量的大小决定于商品所消耗的社会必要劳动时间的多少，即在社会平均的劳动熟练程度和劳动强度下，制造某种使用价值所需的劳动时间。运用马克思的劳动价值论来考察水资源的价值，关键在于水资源是否凝结着人类的劳动。

对于水资源是否凝结着人类的劳动，存在两种观点：一种观点认为，自然状态下的水资源是自然界赋予的天然产物，不是人类创造的劳动产品，没有凝结着人类的劳动，因此，水资源不具有价值；另一种观点认为，随着时代的变迁，当今社会早已不是马克思所处的年代，在过去，水资源的可利用量相对比较充裕，不需要人们再付出具体劳动就会自我更新和恢复，因而在这一特定的历史条件下，水资源似乎是没有价值的。随着社会经济的高速发展，水资源短缺等问题日益严重，这表明水资源仅仅依靠自然界的自然再生产已不能满足日益增长的经济需求，我们必须付出一定的劳动参与水资源的再生产，水资源具有价值又正好符合劳动价值论的观点。

上述两种观点都是从水资源是否物化人类的劳动为出发点展开论证，但得出的结论截然相反，究其原因，主要是劳动价值论是否适用于现代的水资源。随着时代的变迁和社会的发展与进步，仅仅单纯的利用劳动价值论，来解释水资源是否具有价值是有一定困难的。

（2）效用价值论

效用价值论是从物品满足人的欲望能力或人对物品效用的主观评价角度来解释价值及其形成过程的经济理论。物品的效用是物品能够满足人的欲望程度。价值则是人对物品满足人的欲望的主观估价。

效用价值论认为，一切生产活动都是创造效用的过程，然而人们获得效用却不一定非要通过生产来实现，效用不但可以通过大自然的赐予获得，而且人们的主观感觉也是效用的一个源泉。只要人们的某种欲望或需要得到了满足，人们就获得了某种效用。

边际效用论是效用价值论后期发展的产物，边际效用是指在不断增加某一消费品所取得一系列递减的效用中，最后一个单位所带来的效用。边际效用论主要包括四个观点：价值起源于效用，效用是形成价值的必要条件又以物品的稀缺性为条件，效用和稀缺性是价值得以出现的充分条件；价值取决于边际效用量，即满足人的最后的即最小欲望的那一单位商品的效用；边际效用递减和边际效用均等规律，边际效用递减规律是指人们对某种物品的欲望程度随着享用的该物品数量的不断增加而递减，边际效用均等规律（也称边际效用均衡定律）是指不管几种欲望最初绝对量如何，最终使各种欲望满足的程度彼此相同，才能使人们从中获得的总效用达到最大；效用量是由供给和需求之间的状况决定的，其大小与需求强度成正比例关系，物品价值最终由效用性和稀缺性共同决定。

根据效用价值理论，凡是有效用的物品都具有价值，很容易得出水资源具有价值。因为水资源是生命之源、文明的摇篮、社会发展的重要支撑和构成生态环境的基本要素，对人类具有巨大的效用，此外，水资源短缺已成为全球性问题，水资源满足既短缺又有用的条件。

根据效用价值理论，能够很容易得出水资源具有价值，但效用价值论也存在几个问题，如效用价值论与劳动价值论相对抗，将商品的价值混同于使用价值或物品的效用，效用价值论决定价值的尺度是效用。

2.水资源价值的内涵

水资源价值可以利用劳动价值论、效用价值论、生态价值论和哲学价值论等进行研究和解释，但不管用哪种价值论来解释水资源价值，水资源价值的内涵主要表现在以下三个方面。

（1）稀缺性

稀缺性是资源价值的基础，也是市场形成的根本条件，只有稀缺的东西才会具有经济学意义上的价值，才会在市场上有价格。对水资源价值的认识，是随着人类社会的发展和水资源稀缺性的逐步提高（水资源供需关的变化）而逐渐发展和形成的，水资源价值也存在从无到有、由低向高的演变过程。

资源价值首要体现的是其稀缺性，水资源具有时空分布不均匀的特点，水资源价值的大小也是其在不同地区不同时段稀缺性的体现。

(2) 资源产权

产权是与物品或劳务相关的一系列权利和一组权利。产权是经济运行的基础，商品和劳务买卖的核心是产权的转让，产权是交易的基本先决条件。资源配置、经济效率和外部性问题都和产权密切相关。

从资源配置角度看，产权主要包括所有权、使用权、收益权和转让权。要实现资源的最优配置，转让权是关键。要体现水资源的价值，一个很重要的方面就是对其产权的体现。产权体现了所有者对其拥有的资源的一种权利，是规定使用权的一种法律手段。

我国宪法第一章第九条明确规定，水流等自然资源属于国家所有，禁止任何组织或者个人用任何手段侵占或者破坏自然资源。《中华人民共和国水法》第一章第三条明确规定，水资源属于国家所有，水资源的所有权由国务院代表国家行使；国家鼓励单位和个人依法开发、利用水资源，并保护其合法权益，开发、利用水资源的单位和个人有依法保护水资源的义务。上述规定表明，国家对水资源拥有产权，任何单位和个人开发利用水资源，即是水资源使用权的转让，需要支付一定的费用，这是国家对水资源所有权的体现，这些费用也正是水资源开发利用过程中所有权及其所包含的其他一些权力（使用权等）的转让的体现。

(3) 劳动价值

水资源价值中的劳动价值主要是指水资源所有者为了在水资源开发利用和交易中处于有利地位，需要通过水文监测、水资源规划和水资源保护等手段，对其拥有的水资源的数量和质量进行调查和管理，这些投入的劳动和资金，必然使得水资源价值中拥有一部分劳动价值。

水资源价值中的劳动价值是区分天然水资源价值和已开发水资源价值的重要标志，若水资源价值中含有劳动价值，则称其为已开发的水资源，反之，称其为尚未开发的水资源。尚未开发的水资源同样有稀缺性和资源产权形成的价值。

水资源价值的内涵包括稀缺性、资源产权和劳动价值三个方面。对于不同水资源类型来讲，水资源的价值所包含的内容会有所差异，比如对水资源丰富程度不同的地区来说，水资源稀缺性体现的价值就会不同。

　　3.水资源价值定价方法

　　水资源价值的定价方法包括影子价格法、市场定价法、补偿价格法、机会成本法、供求定价法、级差收益法和生产价格法等，下面简要介绍影子价格法、市场定价法、补偿价格法、机会成本法等方法。

　　（1）影子价格法

　　影子价格法是通过自然资源对生产和劳务所带来收益的边际贡献来确定其影子价格，然后参照影子价格将其乘以某个价格系数来确定自然资源的实际价格。

　　（2）市场定价法

　　市场定价法是用自然资源产品的市场价格减去自然资源产品的单位成本，从而得到自然资源的价值。市场定价法适用于市场发育完全的条件。

　　（3）补偿价格法

　　补偿价格法是把人工投入增强自然资源再生、恢复和更新能力的耗费作为补偿费用来确定自然资源价值定价的方法。

　　（4）机会成本法

　　机会成本法是按自然资源使用过程中的社会效益及其关系，将失去的使用机会所创造的最大收益作为该资源被选用的机会成本。

二、水价

　　1.水价的概念与构成

　　水价是指水资源使用者使用单位水资源所付出的价格。

　　水价应该包括商品水的全部机会成本，水价的构成概括起来应该包括资源水价、工程水价和环境水价。目前多数发达国家都在实行这种机制。资源水价、工程水价和环境水价的内涵如下：

　　（1）资源水价

　　资源水价即水资源价值或水资源费，是水资源的稀缺性、产权在经济上的实现形式。资源水价包括对水资源耗费的补偿；对水生态（如取水或调水引起的水生态变化）影响的补偿；为加强对短缺水资源的保护，促进技术开发，还应包括促进节水、保护水资源和海水淡化技术进步的投入。

（2）工程水价

工程水价是指通过具体的或抽象的物化劳动把资源水变成产品水，进入市场成为商品水所花费的代价，包括工程费（勘测、设计和施工等）、服务费（包括运行、经营、管理维护和修理等）和资本费（利息和折旧等）的代价。

（3）环境水价

环境水价是指经过使用的水体排出用户范围后污染了他人或公共的水环境，为污染治理和水环境保护所需要的代价。

资源水价作为取得水权的机会成本，受到需水结构和数量、供水结构和数量、用水效率和效益等因素的影响，在时间和空间上不断变化。工程水价和环境水价主要受取水工程和治污工程的成本影响，通常变化不大。

2.水价制定原则

制定科学合理的水价，对加强水资源管理，促进节约用水和保障水资源可持续利用等具有重要意义。制定水价时应遵循以下四个原则：

（1）公平性和平等性原则

水资源是人类生存和社会发展的物质基础，而且水资源具有公共性的特点，任何人都享有用水的权利，水价的制定必须保证所有人都能公平和平等的享受用水的权利，此外，水价的制定还要考虑行业、地区以及城乡之间的差别。

（2）高效配置原则

水资源是稀缺资源，水价的制定必须重视水资源的高效配置，以发挥水资源的最大效益。

（3）成本回收原则

成本回收原则是指水资源的供给价格不应小于水资源的成本价格。成本回收原则是保证水经营单位正常运行，促进水投资单位投资积极性的一个重要举措。

（4）可持续发展原则

水资源的可持续利用是人类社会可持续发展的基础，水价的制定，必须有利于水资源的可持续利用，因此，合理的水价应包含水资源开发利用的外部成本（如排污费或污水处理费等）。

3.水价实施种类

水价实施种类有单一计量水价、固定收费、二部制水价、季节水价、基本生活水价阶梯式水价、水质水价、用途分类水价峰谷水价、地下水保护价和浮动水价等。

第六节　水资源管理信息系统

一、信息化与信息化技术

1.信息化

信息化是指培养、发展以计算机为主的智能化工具为代表的新生产力，并使之造福于社会的历史过程（百度百科）。

2.信息化技术

信息化技术是以计算机为核心，包括网络、通信、3S 技术、遥测、数据库、多媒体等技术的综合。

二、水资源管理信息化的必要性

水资源管理是一项涉及面广、信息量大和内容复杂的系统工程，水资源管理决策要科学、合理、及时和准确。水资源管理信息化的必要性包括以下几个方面：

（1）水资源管理是一项复杂的水事行为，需要收集、储存和处理大量的水资源系统信息，传统的方法难于济事，信息化技术在水资源管理中的应用，能够实现水资源信息系统管理的目标。

（2）远距离水信息的快速传输，以及水资源管理各个业务数据的共享也需要现代网络或无线传输技术。

（3）复杂的系统分析也离不开信息化技术的支撑，它需要对大量的信息进行及时和可靠的分析，特别是对于一些突发事件的实时处理，如洪水问题，需要现代信息技术做出及时的决策。

（4）对水资源管理进行实时的远程控制管理等也需要信息化技术的支撑。

三、水资源管理信息系统

1.水资源管理信息系统的概念

水资源管理信息系统是传统水资源管理方法与系统论、信息论、控制论和计算机技术的完美结合，它具有规范化、实时化和最优化管理的特点，是水资源管理水平的一个飞跃。

2.水资源管理信息系统的结构

为了实现水资源管理信息系统的主要工作，水资源管理信息系统一般有数据库、模型库和人机交互系统三部分组成。

3.水资源管理信息系统的建设

（1）建设目标

水资源管理信息系统建设的具体目标：实时、准确地完成各类信息的收集、处理和存储；建立和开发水资源管理系统所需的各类数据库；建立适用于可持续发展目标下的水资源管理模型库；建立自动分析模块和人机交互系统；具有水资源管理方案提取及分析功能；能够实现远距离信息传输功能。

（2）建设原则

水资源管理信息系统是一项规模强大、结构复杂、功能强、涉及面广、建设周期长的系统工程。为实现水资源管理信息系统的建设目标，水资源管理信息系统建设过程中应遵循以下八个原则：

实用性原则：系统各项功能的设计和开发必须紧密结合实际，能够运用于生产过程中，最大程度地满足水资源管理部门的业务需求。

先进性原则：系统在技术上要具有先进性（包括软硬件和网络环境等的先进性），确保系统具有较强的生命力，高效的数据处理与分析等能力。

简捷性原则：系统使用对象并非全都是计算机专业人员，故系统表现形式要简单直观、操作简便、界面友好、窗口清晰。

标准化原则：系统要强调结构化、模块化、标准化，特别是借口要标准统一，保证连接通畅，可以实现系统各模块之间、各系统之间的资源共享，保证系统的推广和应用。

灵活性原则：系统各功能模块之间能灵活实现相互转换；系统能随时

为使用者提供所需的信息和动态管理决策。

开放性原则：系统采用开放式设计，保证系统信息不断补充和更新；具备与其他系统的数据和功能的兼容能力。

经济性原则：在保持实用性和先进性的基础上，以最小的投入获得最大的产出，如尽量选择性价比高的软硬件配置，降低数据维护成本，缩短开发周期，降低开发成本。

安全性原则：应当建立完善的系统安全防护机制，阻止非法用户的操作，保障合法用户能方便地访问数据和使用系统；系统要有足够的容错能力，保证数据的逻辑准确性和系统的可靠性。

参考文献

[1] 中国大百科全书总编辑委员会《大气科学·海洋科学·水文科学》编辑委员会，中国大百科全书出版社编辑部，中国大百科全书·大气科学·海洋科学·水文科学 [Z]. 北京：中国大百科全书出版社，1998.

[2] 中国大百科全书总编辑委员会《环境科学》编辑委员会，中国大百科全书出版社编辑部，中国大百科全书·环境科学 [Z]. 北京：中国大百科全书出版社，1992.

[3] 童增川，水资源规划与管理 [M].北京：中国水利水电出版社，2008.

[4] 工双银，宋举玉，张鑫，水资源评价 [M].郑州：黄河水利出版社，2008.

[5] 冯尚友、水资源持续利用与管理导论 [M].北京：科学出版社，2000.

[6] 孙金华.水资源管理研究 [M].北京：中国水利水电出版社2011.

[7] 于万春，姜世强，贺如泓，水资源管理概论 [M]. 北京：化学工业出版社，2007.

[8] 陈家琦，王浩，小柳水资源学 [M].北京：科学出版社，2002.

[9] 林洪孝，管恩宏，王国新，水资源管理理论与实践 [M].北京：中国水利水电出版社，2003.

[10] 左其亭，王树谦，刘廷玺，水资源利用与管理 [M].郑州：黄河水利出版社，2009.

[11] 姜文来，唐曲雷，水资源管理学导论 [M].北京：化学工业出版社，2005.

[12] 左其亭，窦明，马军霞，水资源学教程 [M].北京：中国水利水电出版社，2008.

[13] 刘俊民，余新晓，水文与水资源学 [M]. 北京：中国林业出版社，

1999.

[14] 北京大学环境工程研究所，中国 21 世纪议程管理中心，国外城市水资源管理与机制开发 [M].北京：中国水利水电出版社 2007.

[15] 李雪松，中国水资源制度研究 [M]. 武汉：武汉大学出版社，2006.

[16] 何俊仕，林洪孝，水资源概论 [M]. 北京：中国农业大学出版社，2006.

[17] 王晓昌，张荔，袁宏林，水资源利用与保护 [M].北京：高等教育出版社，2008.

[18] 曹万金，刘曼蓉，水体污染与水资源保护 [M].北京：中国科学技术出版社 .

[19] 雷社平，汪妮，解建仓，论水价及其在水资源管理中的作用 [J].兰州铁道学院学报（自然科学版），2002.

[20] 姜文来，水资源价值论 [M].北京科学出版社，1998.

[21] 杨培岭，李云开，任树，水资源经济 [M]. 北京：中国水利水电出版社，2007.

[22] 于法稳，水资源与农业可持续发展 [M]. 重庆；重庆大学出版社，2003.

[23] 沈人军，梁瑞驹，王浩，等。水价理论与实践 [M]. 北京：科学出版社，1999.

[24] 左其亭，陈面向，可持续发展的水资源规划与管理 [M].北京：中国水利水电出版社，2003.

[25] 陈锁忠，常木春，黄家柱，水资源管理信息系统 [M].北京：科学出版社，2005.

[26] 陈洁黄，河水资源管理信息系统的分析与设计 [M].济南：山东大学，2012.

[27] 姚杰，基于的水资源管理信息系统研究 [D]. 杭州：浙江大学，2005.

[28] 王艳刚，承德市水资源管理信息系统设计研究 [D]. 成都：电子科技大学，2012.